XINBIAN DAZHONGCAI

新编大众菜

韩密和◎主编

吉林出版集团 吉林科学技术出版社

作者简介

韩密和　中国餐饮国家级评委、中国烹饪大师、吉菜烹饪大师、亚洲蓝带餐饮管理专家、远东大中华区荣誉主席，被授予法国蓝带最高骑士荣誉勋章，现任吉林省饭店餐饮烹饪协会副会长，吉林省厨师厨艺联谊专业委员会会长。先后多次在《东方美食》《四川烹饪》等刊物发表论文。还曾组织编写《中国吉菜》《中国美味菌》《现代吉林菜谱》等多部饮食图书。

主　　编　韩密和
编　　委　李城果　蔡　雷　姚　新　陈立辉　刘玉利　高　峰
　　　　　吴　宇　王元贵、郭鸿飞　尹启全　郭　莹　刘景丽
　　　　　金忠榕　杨　辉　王　欢　钱晓龙　韩　冬　刘　志
　　　　　宁一峰　田国志　张明亮　郭久隆　崔晓冬　蒋志进

"饮食"对不同的人有着不同的意义和感受。对厨师而言，"饮食"是对厨艺的探索；对食客而言，"饮食"是一种品位和生活享受；对家庭主妇（夫）来说，"饮食"有时候会是一种责任与负担。

在我们日益精致的生活中，"饮食"所要承载的内容越来越丰富，人们对"饮食"的要求也越来越高。于是，更多的人们热衷于到餐馆中品尝各种美味，有时候这样的确能够满足人们对"饮食"以及"美味"的追求，但无论是从健康，还是从经济的角度出发，餐馆都不是人们的最佳选择。那么，能不能在家里做出既经济又美味的佳肴呢？为此，我们特地编写了《原味小厨》系列图书，希望能帮助喜爱"饮食"的朋友们提高烹饪水平，并且在美味中享受无穷的乐趣。

《原味小厨》系列图书既有介绍美味川菜的《川味家常菜》，按照季节和营养不同编写的《四季家常菜》，选料讲究、制作精细、味道独特的《品味私房菜》，按照家庭常见烹饪技法而成的《新编大众菜》，针对家庭每个人口味、营养的不同而编写的《妙手全家餐》，又有《美味家常炒菜》《精品家常菜》《超人气家常菜》《滋补养生汤》《花样主食秀》，可帮助您烹饪出色香味形俱佳、营养健康的各种美味。

自然、健康、清爽的口味，当然是我们下厨最大的目的。本系列图书中所介绍的烹饪方法、原料、调料等，都可以给我们加以参考，您可以依自己或家人的口味、营养、习惯等加以变化，再加上简单、便捷，就能让亲自下厨成为一种享受操作的愉快过程了。

目录

Contents
新编大众菜

Part 1 迅捷腌拌菜

Part 2 浓香卤酱菜

Part 3 香滑熘炒菜

Part 4 原味蒸煮菜

Part 5 脆嫩煎炸菜

Part 6 滋补焖炖菜

Part 7 鲜香烧烩菜

本书计量单位：
1 小匙 ≈ 5 克
1 大匙 ≈ 15 克

烹饪常识篇

厨房常用工具包含的内容很多,除了一些电器用品,如油烟机、微波炉、冰箱、洗碗机、电饭煲、电磁炉、烤箱等大件外,我们还需要一些基础工具,如铁锅、蒸锅、案板、厨刀、锅铲、漏勺等。

另外,在制作菜肴前,我们还需要掌握一些基础知识,如焯水、过油、汽蒸、走红、上浆、挂糊、勾芡、油温、制汤等。而这些相对专业的用语,对于家常菜的色泽、口感、营养等方面都有非常重要的作用。因此,家庭在制作菜肴时,也需要对这些用语加以了解,从而增加对这些烹调常识的认知,才能在制作家常菜时做到心中有数。

家庭常用锅具

铁锅		铁锅虽然看上去笨重些,但它坚实、耐用,受热均匀,且与人们的身体健康密切相关。用铁锅做菜能使菜中的含铁量增加,补充人体中的铁元素,对贫血等缺铁性疾病有一定的功效。从材质上来说,铁锅可分为生铁锅和熟铁锅两类,均具有锅环薄,传热快,外观精美的特点。
汤锅		市场上汤锅的种类比较多,按照材质分,有铝制、搪瓷、不锈钢、不粘锅等。铝制汤锅的特性是热分布优良,传热效果是不锈钢锅的很多倍。但铝锅也不适合长时间存放食物,制作好的汤羹要尽快取出。不锈钢汤锅是由铁铬合金再掺入其他一些微量元素制成的,其金属性能稳定,耐腐蚀。
砂锅		砂锅是由陶泥和细砂混合烧制而成的,具有非常好的保温性,能耐酸碱、耐久煮,特别适合小火慢炖,是制作汤羹类菜肴的首选器具。刚买回来的砂锅在第一次使用时,最好煮一次稠米稀饭,可以起到堵塞砂锅的微细缝隙,防止渗水的作用。如果砂锅出现了一些细裂纹,可再煮一次米粥用来修复。
高压锅		高压锅为家庭中常备的锅具,是利用气压的上升来提高锅内温度,从而促使食物快速成熟,达到省时、节能的效果。有些人认为,用高压锅做菜很不理想,营养会大量流失。其实不然,用高压锅做菜,应该说更有营养,因为高压锅是在一个密封的环境下,营养是不会流失的。
蒸锅		蒸锅主要用于蒸制各种主食,或者用隔水炖的方法蒸制菜肴。按照材质,蒸锅可分为不锈钢制、铝制等;按箅子数量分为单箅、双箅,按照尺寸有20厘米～42厘米,家庭选购时,可选择26厘米～32厘米、双箅蒸锅比较适宜。

家庭常用菜板

家庭中常用的菜板有木质、塑料、竹制三种。其中木质菜板、竹制菜板主要用于切肉和切制较粗硬的果蔬；塑料菜板多用来切菜和切水果，这样分开使用既卫生又方便。

木质菜板密度高、韧性强，使用起来很牢固。但有些木制菜板因硬度不够，易开裂且吸水性强，会令刀痕处藏污纳垢，滋生细菌。因此，选用白果木、皂角木、桦木或柳木制成的菜板较好。

竹子是一种天然绿色植物，质量相对稳定，使用起来会更加安全一些。只是竹子的生长周期比木头短，所以，从密度上来说稍逊于木头，而且由于竹子的厚度不够，竹案板多为拼接而成，使用时不能重击。

塑料菜板轻便耐用，容易清洗，且不像木质菜板那样容易掉木屑，所以，受到了众多家庭的喜爱。在购买塑料菜板时，要询问其具体材质，比较安全的塑料有聚乙烯、聚丙烯和聚苯乙烯等。如果不是这类材料，或用再生塑料添加色素制成的，长期使用会危害人体的健康。

家庭常用厨刀

厨刀在食材加工过程中起着主导性作用。家用厨刀根据材质不同，主要分为铁制厨刀和不锈钢厨刀两种。其中，不锈钢厨刀是近十几年发展起来的，因其具有轻便、耐用、无锈等特点而越来越受到人们的喜爱。

如果家中只想选购一把厨刀，一般应选夹钢厨刀，既适用于切动物性食材，又适合切植物性食材。其实，为了生食和熟食分用，家庭中最好备有两把以上厨刀，其中一把刀刃锋利，刀身较厚，用于切肉、剁肉；另一把刀身要薄一些，手感要轻一点，主要用于切制蔬菜、水果。

其他工具

炒勺、扁铲、漏勺等小工具，是我们制作家常菜品时不可缺少的工具。根据材质的不同，可分为铁制、不锈钢制、铝制、碳素制等多种。

此外还有一些小工具，虽然不一定是我们制作家常菜所必须的，但是如果有，也可以给予我们很大的帮助。如礤丝器可以帮助我们快速地把食材擦成丝状；切蛋器不仅可以直接把熟蛋切成小瓣，还可以切成片状等。

焯 水

　　焯水又称出水、冒水、飞水等，是指经过初加工的烹饪食材，根据用途的不同放入不同温度的水锅中，加热到半熟或全熟的状态，以备进一步切配成形或正式烹调的初步热处理。

　　焯水是较常用的一种初步热处理方法。需要焯水的烹饪食材比较广泛，大部分植物性烹饪食材及一些有血污或腥膻气味的动物性烹饪食材，在正式烹调前一般都要焯水。根据投料时水温的高低，焯水可分为冷水锅焯水和沸水锅焯水两种方法。

沸水锅焯水

　　沸水锅焯水是将锅中的清水加热至沸腾，再放入烹饪食材，加热至一定程度后捞出。沸水锅焯水主要适用于色泽鲜艳、质地脆嫩的植物性烹饪食材，如菠菜、黄花菜、芹菜、油菜、小白菜等。这些食材体积小、含水量多、叶绿素丰富，易于成熟，但是需要注意焯好的蔬菜类食材要迅速用冷水过凉，以免变色。

将食材用清水洗净。

放入沸水锅中焯烫。

冷水锅焯水

　　冷水锅焯水是将食材与冷水同时入锅加热焯烫，主要适用于异味较重的动物性烹饪食材，如牛肉、羊肉、肠、肚、肺等。
①将需要加工整理的烹饪食材洗净。
②放入锅中，加入适量冷水，上火烧热。
③翻动食材且控制加热时间，捞出沥干即可。

翻动均匀并迅速烫好。

捞出后用冷水过凉。

焯水常识一点通

●焯水时水量要没过原料，在焯水过程中要不时翻动原料，使原料各部分受热均匀。

●蔬菜类的原料在焯水时，必须做到沸水下锅，火要旺，焯水时间要短，这样才能保持原料的色泽、质感、营养和鲜味。

●鸡肉、鸭肉、蹄子、方肉等原料，在焯水前必须洗净，投入冷水锅中烧沸，焯烫出血水即可捞出，时间不要过长，以免损失原料的鲜味。

●各种原料均有大小、粗细、厚薄之分；有老嫩、软硬之别，在焯水时应区别对待，控制好焯水的时间。

●对有特殊气味的原料应分开进行焯水处理。如韭菜、芹菜、牛肉、羊肉、猪肚、狗肉、牛肚、羊蹄等，以免各原料之间吸附和渗透异味，影响原料的口味和质地。

●焯水时还需要特别注意，深色原料和浅色原料要分开进行焯水，不能图方便一起下锅焯水，以免浅色的原料染上深色。

挂　糊

　　挂糊，就是将经过初加工的烹饪食材，在烹制前用水淀粉或蛋泡糊及面粉等辅助材料挂上一层薄糊，使制成后的菜肴达到酥脆可口的一种技术性措施。

　　在此要说明的是，挂糊和上浆是有区别的，在烹调的具体过程中，浆是浆，糊是糊，上浆和挂糊是一个操作范畴的两个概念。挂糊的种类较多，常用的有蛋黄糊、全蛋糊、蛋清糊等。

蛋黄糊的调制
①将鸡蛋黄放入小碗中搅拌均匀。
②再加入适量淀粉(或面粉)调匀。
③然后慢慢加入少许植物油。
④再用筷子充分搅拌均匀即可。

全蛋糊的调制

鸡蛋磕入碗中，打散成全蛋液。

再加入淀粉、面粉调拌均匀。

然后加入植物油搅匀即可。

发粉糊的调制
①发酵粉放入碗内，加入适量清水调匀。
②面粉放入容器内，倒入发酵粉水搅拌均匀。
③再加入少许清水搅匀，静置20分钟即可。

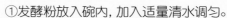

蛋泡糊的调制
①将鸡蛋清放入大碗中。
②用打蛋器沿同一方向连续抽打。
③待抽打至蛋清均匀呈泡沫状。
④再加入适量淀粉，轻轻搅匀即可。

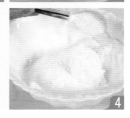

上 浆

　　上浆就是在经过刀工处理的食材上挂上一层薄浆,使菜肴达到滑嫩的一种技术措施。经过上浆后的食材可以保持嫩度,美化形态,保持和增加菜肴的营养成分,还可以保留菜肴的鲜美滋味。上浆的种类较多,依上浆用料组配形式的不同,可分为鸡蛋清粉浆、水粉浆、全蛋粉浆等。

鸡蛋清粉浆的处理

食材洗净,揾干水分,放入碗中。

再加入适量的鸡蛋清稍拌。

然后放入少许淀粉(或面粉)。

充分抓拌均匀即可。

水粉浆的处理

①将淀粉和适量清水放入碗中调成水粉浆。
②将食材(如鸡肉)洗净,切成细丝,放入小碗中。
③加入适量的水粉浆拌匀上浆即可。

全蛋粉浆的处理

①食材(里脊片)洗净,放入碗中,磕入整个鸡蛋。
②先用手(或筷子)轻轻抓拌均匀。
③再放入适量淀粉(或面粉)搅匀。
④然后加入少许植物油拌匀即可。

油 温

低油温

即油温三四成热，其温度为90℃～120℃，直观特征为无青烟，油面平静，当浸滑食材时，食材周围无明显气泡生成。

中油温

即油温五六成热，温度为150℃～180℃，直观特征为油面有少许青烟生成，油从四周向锅的中间徐徐翻动，浸炸食材时食材周围出现少量气泡。

高油温

即油温七八成热，其温度为200℃～240℃，直观特征为油面有青烟升起，油从中间往上翻动，用手勺搅动时有响声。浸炸食材时，食材周围出现大量气泡翻滚并伴有爆裂声。

过 油

过油是将加工成形的食材放入油锅中加热至熟或炸制成半成品的处理方法。过油可缩短烹调时间，或多或少的改变食材的形状、色泽、气味、质地，使菜肴富有特点。过油后加工而成的菜肴，具有滑、嫩、脆、鲜、香的特点，并保持一定的艳丽色泽。在家庭烹调中，过油对调节饮食内容，丰富菜肴风味等都有一定的帮助。

过油要求的技术性比较强，其中，油温的高低、食材处理情况、火力大小的运用、过油时间的长短、食材与油的比例关系等都要掌握得恰到好处，否则就会影响菜肴的质量。根据油温和形态的不同，过油主要分为滑油和炸油两种。

方法一：滑油处理

滑油又称拉油，是将细嫩无骨或质地脆韧的食材切成较小的丁、丝、条、片等，上浆后放入四五成热的油锅中滑散至断生，捞出沥油。

滑油要求操作速度快，尽量使食材少损失水分，成品菜肴有滑嫩、柔软的特点。

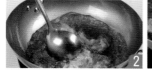

方法二：炸油处理

炸油是将改刀成形的食材挂糊后，放入七八成热的油锅中炸至一定程度的过程。炸油操作速度的快慢、使用的油温高低要根据食材或品种而定。一般来说，若食材形状较小，多数要炸至熟透；若食材形状较大，多数不用炸熟，只要表面炸至上色即可。

走 红

走红又称酱锅、红锅,是将一些动物性食材,如家畜、家禽等,经过焯水、过油等初步加工后,进行上色、调味等进一步热加工的方法。

走红不仅能使食材上色、定形、入味,还能去除某些食材的腥膻气味,缩短烹调时间。按传热媒介的不同,走红主要分为水走红、油走红和糖走红三种。

水走红

水走红是将经过焯水或过油的食材放入由调料(酱油、料酒、白糖、红曲米、清水)熬煮成的汤汁中,用小火加热使食材鲜艳上色,一般适用于小型食材。

水走红的具体做法与酱汤煮差不多,但酱是将食材放入汤汁中以成熟为主要目的,而走红则是以着色为目的。

①将食材(猪舌)洗涤整理干净,放入沸水锅中焯烫一下,捞出冲净,沥干水分。

②将酱油、料酒、红曲米、白糖和适量清水放入碗中调成酱汁。

③再将调好的酱汁倒入清水锅中烧沸。

④然后放入焯好的食材(猪舌)煮至上色即可。

油走红

油走红是先在食材表面涂抹上一层有色或加热后可生成红润色泽的调料(如酱油、甜面酱、糖色、蜂蜜、饴糖等),经油煎或油炸后使食材上色的一种方法,主要适用于形状较大或整只、整条的食材。

①将食材(带皮猪五花肉)的肉皮上涂抹上酱油。

②净锅置火上,加入植物油烧热,将五花肉肉皮朝下放入油锅中。

③快速冲炸至猪肉皮上色,捞出沥油即可。

糖走红

糖走红是将白糖(或红糖)放入净锅中,上火烧至熔化,再加适量清水稀释或直接将食材放入锅中,炒煮至上色。糖走红的操作简单方便,用途比较广泛,很适于家常菜肴的烹制。

①净锅置火上,加入适量白糖,用中小火熬至白糖熔化。

②再加入适量清水烧煮至沸。

③然后放入食材(大肠)煮至上色即可。

家常菜汤汁

在制作家常菜,尤其是家常汤菜时,我们需要根据食材性质、烹调要求、菜肴的档次而制作汤汁,只有掌握制汤方法,才能达到菜肴的要求。家庭中常见的汤汁有荤汤和素汤两大类。

荤白汤的制作

鸡骨架收拾干净,剁成大块。

放入清水中漂洗干净,捞出。

再下入清水锅中煮沸,捞出。

然后换清水,继续烧煮至沸。

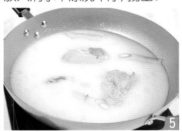

撇去浮沫,盖上盖继续加热。

煮至汤汁呈乳白色时,过滤即成。

鱼骨清汤的制作

家庭中在制作鱼类菜肴时,往往会将鱼头、鱼骨、鱼皮等杂物剔除,只取净鱼肉使用,而剔出的鱼骨、鱼皮等如果丢弃,就太可惜了。因为鱼骨、鱼皮等含有丰富的胶原蛋白和多种营养素,用它们熬煮成鱼骨清汤,也是非常好的创意。

①将鱼骨、鱼皮等放入容器中,加入适量清水和少许精盐搓洗干净。

②捞出鱼骨、鱼皮等,沥干水分,放在案板上,剁成大块。

③再将鱼骨块、鱼皮块放入清水锅中。

④加入大葱、姜片烧沸,转小火煮30分钟。

⑤然后捞出汤中的鱼骨和其他杂质,放入鸡肉蓉(或猪肉蓉)轻轻搅动,待鸡肉蓉浮于汤面时,捞出鸡肉蓉。

⑥最后加入少许鸡肉蓉,用手勺轻轻搅匀至澄清,离火出锅,过滤后即成鱼骨清汤。

一日三餐是保证我们生存和健康的物质基础，而怎样安排好这一日三餐是有学问的。一般情况下，一天需要的营养，应该均摊在三餐之中。每餐所摄取的热量应该占全天总热量的1/3左右，但午餐既要补充上午消耗的热量，又要为下午的工作、学习提供能量，可以多一些。

一日三餐究竟选择什么食物，怎么进行搭配，采用什么方法来烹调都是有讲究的，并且因人而异。一般来说，一日三餐的主食和副食应该粗细搭配，动物性食品和植物性食品要有一定的比例，最好每天吃些豆类、薯类和新鲜蔬菜。

早　餐

早餐是一天中最重要的一顿饭，切记不可马马虎虎。不吃早餐或吃得太少容易使人没有精神，思维迟钝，记忆力下降，甚至会造成低血糖，所以应该重视早餐。

一份好的早餐应该是营养丰富、干稀平衡、荤素适当、清淡易消化的食物。比如应该包括谷类（馒头、面包、小点心等）、肉蛋类（一个鸡蛋或少量熟肉、肠等）、一杯牛奶（约200毫升）、水果或蔬菜（一些小青菜、泡菜或纯果汁）。至于炸油饼、油条虽是人们所好，但只宜少吃，多吃则对身体不利。

午　餐

午餐是一日之正餐，在一天三餐中起着承上启下的作用，这段时间人们的工作、学习各种活动很多，所以要供给充足的能量和营养素，各种原料要搭配好。

午餐中的主食根据三餐食量配比，应在150～200克，可在米饭、面制品如馒头、面条、大饼中间任意选择，应尽量避免方便面等食品。副食在300克左右，以满足人体对碳水化合物、维生素的需要。副食种类的选择很广泛，如肉蛋、禽类、豆制品、水产、蔬菜等，按照科学配餐的原则挑选几种，相互搭配食用。一般宜选择50～100克的肉禽蛋类，50克豆制品，再配上200克蔬菜，也就是要吃些既耐饥饿又能产生高热量的炒菜。饮料方面最好选择茶等碱性饮料，可以中和酸性食物，达到酸碱平衡。

晚　餐

三餐中的晚餐一定要适量，是因为如果晚餐摄入食物过多，血糖和血中氨基酸的浓度就会增高，从而促使胰岛素分泌增加。

晚餐的品种应包括谷类、少量动物性食品、大豆制品、蔬菜水果等，其中谷类食物应在125克左右，可在米面食品中选择富含膳食纤维的食物，这类食物既能增加饱腹感，又能促进肠胃蠕动。动物性食品一般摄取量为50克，大豆或其制品30克，蔬菜150克，水果100克。需要特别注意的是，晚餐不要食用含钙高的食物，比如虾皮、带骨小鱼等一定不要吃，以免引发尿道结石。

Part❶
迅捷腌拌菜

新编大众菜

香干拌芹菜

芹菜具有较高的营养和药用价值。另外，芹菜中还含有丰富的维生素A、维生素B、维生素C和烟酸。中医认为，芹菜有固肾止血、健脾养胃的功效。

原 料 芹菜段250克，五香豆腐干丝150克，猪瘦肉丝50克。

调 料 葱末5克，姜末3克，精盐、酱油各1/2小匙，味精1小匙，植物油3大匙。

制作步骤 Method

1 锅中加油烧热，下入葱末、姜末炝锅，放入猪肉丝，用中小火煸炒至变色。

2 再加入酱油炒匀，然后放入芹菜段翻炒片刻至熟透。

3 再放入豆腐干丝、精盐、味精翻炒均匀，即可出锅装碗。

15分钟
咸鲜软嫩

八宝菠菜

15分钟 鲜香脆嫩

原 料 菠菜、胡萝卜丝、冬笋丝、香菇丝、火腿丝、海米、杏仁、核桃仁、口蘑片各适量。

调 料 葱丝、姜丝各少许, 精盐、鸡精、料酒、植物油各适量。

制作步骤 Method

1 菠菜洗净, 切成段, 放入沸水锅中焯烫一下, 捞出过凉, 挤干水分, 放入碗中。

2 口蘑片、核桃仁、杏仁分别放入沸水锅中焯一下, 捞出过凉, 沥干。

3 锅中加入植物油烧热, 下入葱丝、姜丝、火腿丝、海米、料酒煸炒, 出锅倒入菠菜碗中。

4 再加入杏仁、核桃仁、口蘑片、胡萝卜丝、冬笋丝、香菇丝、精盐、鸡精拌匀即可。

橙汁白菜

20分钟 香甜爽滑

原 料 新鲜白菜帮500克。

调 料 橙汁60克。

制作步骤 Method

1 将白菜帮洗涤整理干净, 捞出沥水, 修切成正方形。

2 先将白菜帮剞上梳子花刀, 再顶刀切成细丝, 然后放入冰水中浸泡15分钟左右。

3 捞出沥干水分, 放入碗内, 浇入橙汁拌匀, 即可上桌。

花生米拌黄瓜

原料 净花生米150克, 黄瓜100克, 胡萝卜少许。

调料 花椒、八角、桂皮、丁香、小茴香、精盐、味精、香油各适量。

制作步骤 Method

1 锅置火上, 加入清水、花生米、花椒、八角、桂皮、丁香、小茴香、精盐, 用小火煮烂, 捞出。

2 将黄瓜、胡萝卜洗净, 均切成花生米大小的方丁, 胡萝卜丁放入沸水中焯烫, 捞出晾凉。

3 将花生米、黄瓜丁、胡萝卜丁放入盆中, 加入精盐、味精、香油调拌均匀, 即可装盘上桌。

20分钟
清淡鲜香

麻酱腰花

原料 猪腰1副, 凉粉皮2张, 黄瓜1根。

调料 精盐1/2小匙, 白糖、米醋各1大匙, 麻酱、植物油各2大匙。

制作步骤 Method

1 将黄瓜去皮, 洗净, 切成条; 猪腰横切成两片, 去除腰臊, 剞上花刀, 再切成片。

2 锅至火上, 加水烧热, 放入切好的猪腰片焯至变色, 捞出沥水。

3 凉粉皮切长条, 放入沸水中焯烫至透明状, 捞出过凉, 加入麻酱拌匀。

4 将拌好的凉粉皮放入盘中, 加入黄瓜及腰花, 撒上白糖, 淋入米醋拌匀, 即可上桌。

20分钟
软嫩清香

原 料 长豇豆300克，鲜姜25克，鲜红辣椒15克。

调 料 精盐、味精、白糖、胡椒粉、香油各1/2小匙，植物油1大匙。

制作步骤 Method

1 鲜姜洗净，削去外皮，放入榨汁机内，加入少许清水和精盐榨取姜汁。

2 鲜红辣椒去蒂及籽，洗净，切成细丝；长豇豆掐去两端，洗净，切成3厘米长的小段。

3 锅中加入清水、植物油和精盐烧沸，放入豇豆段焯烫至熟透，捞出过凉，捞出沥水。

4 锅置火上，加入植物油烧至六成热，下入红辣椒丝煸炒片刻，盛出。

5 将豇豆段放入容器内，加入姜汁和红辣椒丝调拌均匀。

6 再加入少许精盐、味精、白糖、胡椒粉和香油搅匀至入味，盖上盖，放入冰箱内冷藏至凉，食用时取出装盘即可。

姜汁豇豆

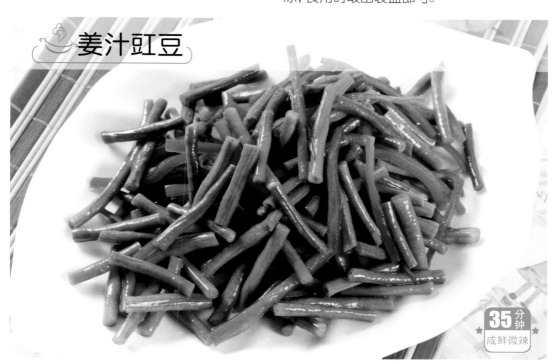

35分钟
咸鲜微辣

23

2 小时
香辣咸鲜

红油猪蹄筋

原 料 蹄筋150克, 青笋100克, 熟芝麻少许。

调 料 葱花10克, 鸡精1/2小匙, 精盐、味精、白糖、料酒、花椒油各少许, 生抽2大匙辣椒油3大匙, 植物油适量。

制作步骤 Method

1 葱花、精盐、白糖、生抽、味精、鸡精放入碗中调成味汁; 青笋去皮, 洗净, 切片。

2 锅中加入清水烧沸, 放入蹄筋焯烫一下, 捞出切段, 再放入热油锅中滑油, 捞出沥油。

3 青笋片、猪蹄筋段加入味汁拌匀, 再放入冰箱内冷藏, 食用时取出, 码放在盘内, 然后淋入辣椒油、花椒油, 撒上熟芝麻即可食用。

TIPS

本菜在发制猪蹄筋时要先把蹄筋放入低温油锅内浸炸, 再逐渐升高温度发制, 使其充分涨发。

用开水浸泡蹄筋时要注意其软硬程度, 若有硬心, 要继续泡至其软透为止。

配料除了使用青笋外, 也可以加入木耳、胡萝卜、香菇、青红椒等, 以丰富菜肴的色泽。

原 料 西蓝花250克,干贝50克。

调 料 姜片、葱段各5克,精盐、味精各1/2小匙,料酒、植物油各1小匙。

制作步骤 Method

1 西蓝花掰成小朵,洗净,放入沸水锅中焯烫至熟嫩,捞入冷水中漂凉,捞出沥水。

2 干贝放入清水中浸泡并洗净,捞出沥水,放入盆中,加入姜片、葱段、料酒、清水,入笼蒸约2小时至干贝涨发,取出晾凉,撕成细丝。

3 将西蓝花放入盘中,加入精盐、味精拌匀,再淋入植物油,撒上干贝丝翻拌均匀即可。

干贝拌西蓝花

2 小时
鲜嫩清香

原 料 芦笋300克。

调 料 蒜泥、精盐、味精、白糖、芝麻酱、酱油、香油、辣椒油、鲜汤各适量。

制作步骤 Method

1 芦笋洗净,切成段,放入沸水锅中焯至断生,捞出沥干,放入装有冰块的盘中。

2 将芝麻酱用鲜汤稀释,加入精盐、味精、酱油、白糖、香油调匀成麻酱味汁。

3 再将蒜泥、精盐、酱油、味精、白糖、香油放入碗中调匀成蒜泥味汁,然后和麻酱味汁、芦笋一同上桌蘸食即可。

冰镇芦笋

13 分钟
清脆适口

富贵鸡片

原 料 土公鸡肉300克, 泡大红椒、黄瓜各100克, 胡萝卜1根, 青椒粒20克。

调 料 精盐、味精各1/2小匙, 白糖1小匙, 酱油2小匙, 辣椒油、冷鲜汤各2大匙。

制作步骤 Method

1 将土公鸡肉洗净, 放入锅中煮至刚熟, 捞出晾凉, 斜刀片成片; 泡大红椒去籽, 切成片; 胡萝卜雕刻成凤头; 黄瓜切雀翅形。

2 将鸡片与泡大红椒片间隔摆放成扇形, 用凤头、黄瓜装饰成孔雀开屏状。

3 精盐、味精、白糖、酱油、青椒粒、冷鲜汤调成味汁。

4 精盐、味精、白糖、酱油、辣椒油调制成辣椒油味汁, 同鲜汤味汁、鸡片一同上桌即可。

30分钟
鲜咸清淡

红油猪耳

原 料 猪耳朵500克。

调 料 葱段、姜片各50克, 辣椒油、料酒、精盐各2小匙, 味精、八角、香叶、陈醋各少许。

制作步骤 Method

1 将猪耳朵洗涤整理干净, 放入碗中, 加入(腌料)葱段、姜片、八角、香叶、料酒、精盐腌制8小时。

2 锅中加入清水, 放入猪耳朵、腌料烧沸, 用小火煮20分钟, 捞出沥干, 切成块, 装入盘中。

3 将辣椒油、味精、陈醋放入小碗中拌匀, 浇在猪耳朵上即成。

9小时
脆嫩辣香

30 分钟
咸香鲜爽

麻酱素什锦

原料 青萝卜、红心萝卜、白萝卜、胡萝卜、莴笋、黄瓜、生菜、嫩白菜各75克, 芝麻25克。

调料 精盐、味精、白糖、芝麻酱、酱油、白醋、芥末油各适量。

制作步骤 Method

1 芝麻洗净, 放入锅内翻炒至熟香, 出锅放入碗中。

2 青萝卜、红心萝卜、白萝卜、胡萝卜、莴笋分别去皮, 洗净, 均切成丝, 分别加入适量精盐拌匀, 腌渍出水分, 再用清水洗净。

3 黄瓜、生菜、嫩白菜分别洗涤整理干净, 均切成丝; 各种蔬菜丝攥干水分, 分别团成5厘米的球形, 放入盘中。

4 芝麻酱放入碗中, 加入凉开水搅匀, 再加入精盐、酱油、味精、白醋、白糖、芥末油调成味汁。

5 然后分别浇淋在各种蔬菜丝球上, 再撒上熟芝麻, 食用时调拌均匀即可。

菠菜拌干豆腐

TIPS

　　菠菜含有丰富的铁、钙等微量元素，有养血、止血、通利肠胃、健脾和中、止渴之功效。主治头疼、目眩、风火赤眼、糖尿病、便秘等症。

原　料 菠菜段250克，干豆腐条125克。

调　料 红干辣椒段、葱白丝各15克，花椒15粒，香醋、白糖、精盐各2小匙，植物油1小匙。

制作步骤 Method

1 把菠菜段放入碗中，加入干豆腐条、葱丝、香醋、白糖、精盐，装入盘中。

2 锅里加入植物油烧热，下入花椒粒，用小火炸至花椒粒变黑，捞出花椒不用。

3 将锅离火，再下入红干椒段煸炒至酥脆，出锅浇在菠菜、干豆腐盘内，即可上桌食用。

20分钟
鲜咸椒香

葱油甜椒

15分钟 ★ 鲜咸清香 ★

原 料 甜椒250克。

调 料 葱花30克, 精盐、香油各1小匙, 味精1/3小匙, 植物油4小匙。

制作步骤 Method

1 锅置火上, 加入植物油烧热, 出锅倒在葱花碗内制成葱油。

2 甜椒去蒂及籽, 洗净, 捞出沥水, 放入沸水锅内焯至断生, 捞出晾凉。

3 再切成长条状, 装入碗内, 加入葱油、精盐、味精、香油拌匀, 装盘上桌即成。

蔬菜丝沙拉

15分钟 鲜咸爽口

原 料 圆白菜250克, 胡萝卜150克, 青椒100克, 洋葱末50克, 芹菜叶25克。

调 料 精盐1小匙, 芥末酱5小匙, 胡椒粉少许, 白糖、白醋、植物油各3大匙。

制作步骤 Method

1 将圆白菜、胡萝卜、青椒、芹菜叶分别洗净, 均切成丝, 码在盘内。

2 锅中加油烧热, 下入洋葱末煸炒出香味, 出锅盛入碗内。

3 再加入精盐、芥末酱、白糖、白醋、胡椒粉调拌成沙拉酱, 淋在蔬菜丝上拌匀即成。

冰镇芥蓝

原料 芥蓝300克，冰块适量。

调料 精盐、白糖各1小匙，青芥辣1/2小匙，生抽2小匙，香油少许，植物油适量。

制作步骤 Method

1 将芥蓝去根及老皮，放入清水盆中，加入少许精盐浸泡，取出后用清水洗净，切成段。

2 锅中加入适量清水和少许精盐、植物油烧沸，放入芥蓝段焯至熟嫩，捞出晾凉。

3 青芥辣放入碗中，加入生抽调至香辣味，再加入精盐、白糖、香油调成味汁，芥蓝放入垫有冰块的盘中，与味汁一同上桌蘸食即可。

20分钟
冰凉爽口

油泼佛手笋

原料 鲜嫩冬笋750克，鲜辣椒30克。

调料 姜末、蒜泥各5克，精盐、味精、花椒粉各少许，酱油2小匙，肉汤75克，植物油2大匙。

制作步骤 Method

1 将鲜冬笋削去老根，剥去外壳，再削去内皮，放入沸水锅中煮5分钟，捞出冲凉，沥水。

2 先切成两半，片成薄片，再切成丝（不切断）即成佛手笋。

3 将辣椒去籽，洗净，切成小段，放入热油锅中煸炒片刻。

4 再加入姜末、蒜泥、酱油、精盐、花椒粉、味精和肉汤烧沸，趁热放入佛手笋即可。

40分钟
鲜鲜爽口

  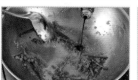 

原 料 苦瓜200克, 绿豆芽100克, 红辣椒丝、酸豆角、熟芝麻各适量。

调 料 蒜泥少许, 精盐2大匙, 酱油1大匙, 镇江米醋、果汁各2小匙, 植物油适量。

制作步骤 Method

1 绿豆芽去根和豆皮, 用清水漂洗干净, 放入沸水锅中略焯, 捞出过凉, 捞出沥水。

2 酸豆角洗净, 取出攥去水分, 放在案板上切成细蓉。

3 苦瓜洗净, 去籽, 切成薄片, 放入淡盐水中浸泡, 捞出沥水, 和绿豆芽一起码放在盘内。

4 锅中加油烧热, 下入红辣椒丝、酸豆角末、蒜泥炒香, 加入酱油、米醋、果汁调匀成味汁。

5 出锅浇淋在苦瓜和豆芽上拌匀, 再撒上熟芝麻, 即可上桌食用。

五味苦瓜

12分钟
★ 酸辣咸鲜 ★

15分钟
咸鲜酸辣

皮蛋豆花

(TIPS)

本菜品在制作过程中需要注意豆腐的切
片环节，在切片过程中需轻拿轻放，避免豆
腐因受外力过大而碎散。

原 料 豆腐1盒，松花蛋4个，花生碎10克，青
椒末、香菜末、榨菜末各5克。

调 料 葱花、姜末各少许，精盐、味精、陈
醋、辣椒油1/2小匙，生抽1小匙。

制作步骤 Method

1 松花蛋洗净，去壳，切瓣；嫩豆腐切片。

2 豆腐片码放在盘子内，摆上松花蛋瓣；葱花、
青椒末、香菜末、榨菜末分别放在盘子四角。

3 姜末、精盐、陈醋、生抽、味精、辣椒油调
匀，浇淋在豆腐片和松花蛋上，再撒上花生
碎即可。

原料 芥菜头1个, 萝卜3片。

调料 精盐、味精、白糖各适量, 白醋200克。

制作步骤 Method

1 将芥菜头洗净, 用礤板擦成细丝, 放入坛中, 加入白醋用力揉搓。

2 再放上萝卜片压实, 封上坛口, 放置阴凉处, 腌制12小时。

3 食用时取出, 加入精盐、味精、白糖搅拌均匀, 即可上桌。

拌辣菜丝

13 小时
★ 鲜咸爽口

原料 卤牛心、卤牛舌、卤牛肉、毛肚各50克, 芹菜30克, 香菜、芝麻各10克。

调料 精盐、花椒粉各1小匙, 味精、白糖各少许, 辣椒10克, 辣椒油1大匙。

制作步骤 Method

1 将卤牛心、卤牛舌、卤牛肉切成薄片; 毛肚洗净, 放入沸水锅内煮至熟嫩, 捞出, 切成薄片。

2 芹菜切成段, 放入沸水锅内焯烫一下, 捞出用冷水过凉, 捞出沥水, 放在盘内垫底。

3 盆中加入牛心、牛舌、卤牛肉、毛肚、调料拌匀, 码放在芹菜上面, 撒上芝麻、香菜即可。

夫妻肺片

20 分钟
香辣适口

青韭鱿鱼丝

原料 鲜鱿鱼1条（约250克），韭菜100克。

调料 精盐1/2小匙，味精、胡椒粉、香油、植物油各适量。

制作步骤 Method

1 鲜鱿鱼洗涤整理干净，切成丝，放入沸水中焯熟，捞出沥水。

2 韭菜择洗干净，切成小段，放入碗中，再淋入热油拌匀，稍腌出香味。

3 将韭菜段、鱿鱼丝放入容器中，加入精盐、味精、胡椒粉调拌均匀。

4 盖上盖，放入冰箱中冷藏，食用时取出装盘，淋上少许香油即可。

10分钟
鲜咸软嫩

生拌牛肉

原料 牛里脊肉200克，甘蓝、白梨丝、香菜末、芝麻各适量。

调料 葱末、蒜泥、精盐、白糖、醋精、鲜露、牛肉清汤粉、辣椒酱、香油各适量。

制作步骤 Method

1 将牛里脊肉切成细丝，放入碗中，加入醋精拌匀，再用冷水冲净，捞出沥干。

2 甘蓝用淡盐水洗净，捞出沥净洗净，放入盘中垫底。

3 将牛肉丝放入容器中，加入香油、香菜末、蒜泥、芝麻、辣椒酱、鲜露、牛肉清汤粉、精盐、葱末、白糖、白梨丝拌匀，即可装盘上桌。

25分钟
鲜咸香浓

40分钟
脆嫩咸鲜

拌海螺

原 料 海螺300克, 黄瓜片100克, 香菜段50克。

调 料 姜末少许, 味精1/2小匙, 酱油2大匙, 白醋1大匙, 香油1/2大匙, 植物油适量。

制作步骤 Method

1 海螺放入清水盆内, 加入少许精盐, 滴入几滴植物油浸泡, 取出海螺。

2 砸碎外壳, 取出海螺肉, 去掉杂质和污物, 用清水洗净, 切成薄片, 放入沸水锅中焯烫一下, 捞出过凉。

3 黄瓜片加入少许精盐、香油拌匀, 码放在盘内垫底, 再用筷子将海螺片码放在黄瓜片上。

4 姜末、酱油、白醋、味精、香油放入碗中调拌均匀成味汁。

5 然后浇淋在海螺片上, 撒上香菜段, 食用时拌匀, 即可上桌食用。

海鲜沙拉

TIPS

水产品中富含人体所需多种维生素和矿物质，特别是维生素E、维生素A及矿物质锌、铁等，对人体的健康成长都有非常重要的意义。

原料 虾仁、墨鱼各100克，粉丝、圣女果、黄椒、青椒、生菜各少许。

调料 精盐、鱼露、辣椒粉各1小匙，白糖1/2小匙，青柠汁4小匙。

制作步骤 Method

1 墨鱼洗净，剞上麦穗花刀，切片，与虾仁一起放入沸水中焯至断生，捞出沥水。

2 圣女果洗净，对半切开；青椒、黄椒分别洗净，切片；生菜洗净，撕成小块；粉丝放入清水中泡软，再放入沸水中略焯，捞出沥水。

3 虾仁、墨鱼、粉丝和所有蔬菜加入精盐、白糖、柠檬汁、鱼露和辣椒粉搅拌均匀即可。

20分钟
咸香甜酸

兔肉拌芦笋

30分钟 ★ 清香爽口 ★

原料 芦笋丝250克, 净兔肉150克, 红椒丝25克。

调料 味精、白糖各2小匙, 花椒油、植物油各1小匙。

制作步骤 Method

1 兔肉洗净, 放入锅中, 加入适量清水煮约5分钟, 再转小火煮约20分钟至熟透, 捞出沥水, 再用小木棒轻轻捶打至松软, 撕成丝。

2 锅中加入清水、精盐、少许植物油烧热, 下入芦笋丝焯烫一下, 捞出沥水。

3 将芦笋丝、红椒丝放入大碗中, 加入兔肉丝拌匀, 再加入精盐、味精、白糖, 淋入花椒油搅拌均匀, 装盘上桌即成。

芥末北极贝

20分钟 ★ 鲜咸爽口 ★

原料 北极贝300克。

调料 精盐、味精各1/2匙, 香油1匙, 芥末膏1/2大匙, 大红浙醋1大匙。

制作步骤 Method

1 将北极贝放入清水中解冻至软, 捞起从侧面对剖成两半, 去除内部杂质, 洗净, 捞出沥水。

2 盘中加入精盐、味精、芥末膏、香油、大红浙醋充分调匀成味汁, 放入北极贝拌匀, 装盘上桌即成。

冻粉拌羊里脊

原料 水发冻粉200克,羊里脊肉丝150克,嫩黄瓜丝100克,鸡蛋清半个。

调料 姜丝10克,精盐1/2小匙,味精少许,酱油、花椒油各1小匙,料酒、水淀粉各1大匙。

制作步骤 Method

1 羊里脊肉丝加入精盐、味精、料酒、鸡蛋清、水淀粉拌匀上浆,放入沸水锅中焯熟,捞出晾凉。

2 冻粉洗净,切成小段;精盐、味精、酱油、花椒油及适量凉开水放入碗中调匀成味汁。

3 将黄瓜丝、冻粉段、羊里脊丝放入盘中,浇上调好的味汁调拌均匀即可。

20分钟
咸香软嫩

橙汁南瓜

原料 南瓜400克。

调料 白糖2大匙,柠檬汁1大匙,橙汁4大匙。

制作步骤 Method

1 将南瓜洗净,去皮及瓤,切成3厘米长,1厘米宽的条。

2 坐锅点火,加入清水烧开,放入南瓜条焯烫2分钟,捞出冲凉,沥水。

3 将凉透的南瓜条放入盆中,加入柠檬汁、橙汁、白糖搅拌均匀,腌制1小时即可。

70分钟
鲜甜爽口

原 料 鸡胗350克, 香葱60克, 红辣椒20克。

调 料 精盐1/2小匙, 味精、鸡精、香油各1小匙, 植物油少许。

制作步骤 Method

1 香葱去根, 洗净, 切成小段; 红辣椒洗净, 沥净水分, 去蒂, 去籽, 切成细丝。

2 锅中加入植物油烧热, 下入香菜段、红辣椒丝煸炒出香味。

3 出锅盛入盘内, 加入少许精盐拌匀, 用筷子拨散后晾凉。

4 将鸡胗去除内部杂质和表面油脂, 用清水洗净。

5 锅置火上, 加入清水烧沸, 放入鸡胗煮约25分钟至熟, 捞出过凉, 沥去水分, 切成薄片。

6 将鸡胗片、香葱段、红辣椒丝放入容器内, 加入精盐、味精、鸡精拌匀, 码放在盘内, 再淋入香油拌匀即可。

香葱拌鸡胗

40分钟
脆嫩清香

30分钟
★ 香辣爽口 ★

辣拌金钱肚

TIPS

肚在动物性原料中占有重要地位，它的色泽、形态、鲜味、营养成分均比畜肉高，而且一般含有比较丰富的维生素A、B族维生素和铁、磷、钙等矿物质。

原料 金钱肚300克，青椒、红椒各50克。

调料 葱段、姜片各30克，蒜末少许，八角2粒，精盐、味精各1/2小匙，辣椒油1大匙。

制作步骤 Method

1 将金钱肚洗净，放入沸水中稍烫，捞出后去除肚毛；青椒、红椒洗净，均切成菱形片。

2 锅中加入清水烧沸，先放入金钱肚，再加入葱段、姜片、八角，用小火煮熟，捞出晾凉。

3 将金钱肚切成菱形片，放入盆中，加入精盐抓拌入味，再加入味精、蒜末、青椒、红椒、辣椒油，调拌均匀即可。

原料 牛柳肉250克，洋葱块30克，青椒块、红椒块各15克。

调料 咖喱粉、蒜泥各2小匙，姜末、味精、香油各1小匙，植物油适量。

制作步骤 Method

1 牛柳肉切片，下入热油中滑熟，捞出沥油；青椒块、红椒块、洋葱块下入沸水锅中焯熟，捞出。

2 锅中加油烧热，下入姜末、蒜泥炒香，再加入咖喱粉及清水熬煮一会，过滤成咖喱油。

3 盆中放入所有原料和调料拌匀即成。

咖喱拌牛柳

25分钟

咖喱味浓

原料 鲜鱿鱼300克。

调料 葱花30克，精盐、味精各1/2小匙，香油1小匙，花椒粒、鲜汤各2小匙。

制作步骤 Method

1 鲜鱿鱼洗涤整理干净，剞上荔枝花刀，放入沸水锅中焯烫成鱿鱼卷，捞出沥水，装入盘中。

2 葱花、花椒粒剁成细末，拌成椒麻糊，放在小碗内。

3 再加入精盐、味精、香油、鲜汤调匀，制成椒麻味汁，淋在盘中鱿鱼卷上即可。

椒麻鱿鱼花

20分钟

麻香适口

鸡丝拌海蜇

原 料 水发海蜇皮200克,熟鸡肉、黄瓜各50克。

调 料 香葱花30克,精盐、味精各1小匙,花椒粒2小匙,鲜汤适量,香油1/2小匙,植物油2大匙。

制作步骤 Method

1 海蜇皮放入温水中泡透,洗去泥沙和盐分,捞出沥水,切成细丝;熟鸡肉撕成长丝。

2 黄瓜去蒂、洗净,切成细丝,加入精盐拌匀略腌,挤干水分,装盘垫底,码上海蜇丝、鸡肉丝。

3 将葱花、花椒粒剁成蓉状,放入碗中,再浇上热油,加入精盐、味精、鲜汤、香油调匀,制成椒麻味汁,淋在海蜇丝上即可。

20分钟
鲜咸麻香

丰收鱼米

原 料 净鱼肉丁250克,甜玉米粒、红腰豆各50克,青椒丁、红椒丁、香菇丁、冬笋丁各10克。

调 料 葱花、姜末、精盐、胡椒粉、料酒、味精、水淀粉、清汤、鸡油各适量。

制作步骤 Method

1 甜玉米粒、红腰豆、香菇丁、冬笋丁、青椒丁、红椒丁分别下入沸水中焯烫一下,捞出沥干。

2 锅中加入鸡油烧热,先下入葱花、姜末炒香,烹入料酒,添入清汤,再放入鱼肉丁炒至变色。

3 然后放入各种料丁稍炒,加入精盐、味精、胡椒粉快速炒匀,用水淀粉勾芡即可。

20分钟
软嫩咸鲜

50分钟
脆嫩清香

熏拌鸭肠

原料 鸭肠500克，红辣椒、香菜各20克。

调料 蒜蓉10克，精盐、辣椒油各1大匙，味精3大匙，白糖2大匙，老汤1000克，酱料包1个（鲜姜、鸡油各50克，八角15克，肉蔻、砂仁、白芷、桂皮各10克，丁香、小茴香各5克），熏料1份（大米100克，白糖25克，茶叶15克）。

制作步骤 Method

1 红辣椒去蒂及籽，切成细丝；香菜去根和老叶，洗净，切成段。

2 鸭肠放入清水盆内，加入米醋和面粉揉搓均匀，洗去黏液。

3 净锅置火上，加入清水烧沸，放入鸭肠焯烫一下，捞出冲净。

4 锅中加入老汤、酱料包、精盐、味精、白糖烧沸，放入鸭肠煮约25分钟至熟，捞出沥水。

5 将铁锅中均匀地撒上一层大米，再撒入茶叶、白糖，架上铁箅子，放上鸭肠，盖严锅盖，用旺火烧至冒出浓烟。

6 关火散烟，取出鸭肠，刷上香油，切成小段，码放在盘内，再加入辣椒油、蒜蓉、香菜段、红辣椒丝拌匀，即可上桌。

京葱拌耳丝

TIPS

猪耳含有比较丰富的蛋白质、脂肪、碳水化合物，另外猪耳还含有一定量的钙、磷、铁和维生素A。

原 料 净猪耳朵500克,葱白丝80克。

调 料 姜1大块,五香调料包1个,葱段、精盐、鸡精、料酒、酱油、香油各适量。

制作步骤 Method

1 姜块洗净,取一半切丝,另一半切片;猪耳朵洗净,放入沸水锅中焯水,捞出放入锅中。

2 置火上烧沸,放入葱段、姜片、五香调料包和料酒煮熟,捞出猪耳朵,切丝,放入容器内。

3 锅中加油烧热,下入葱丝、姜丝炒香,再趁热倒入盛有猪耳丝的容器内,用筷子调匀。

4 然后加入少许精盐、酱油和鸡精拌匀入味,装盘上桌即成。

30分钟
咸香脆爽

泡甜椒拌酥肉

25 分钟
酥香微辣

原料 去皮五花肉300克, 泡甜椒100克, 全蛋糊70克, 土司粉90克。

调料 葱花、姜末各10克, 精盐、味精、花椒油各适量, 白酒1小匙, 辣椒油1大匙, 植物油800克。

制作步骤 Method

1 五花肉洗净, 片成大片, 用精盐、姜末、葱花、白酒拌匀至入味; 泡甜椒切成菱形片。

2 锅中加油烧热, 将肉片粘匀全蛋糊, 再粘上土司粉, 放入锅内炸至金黄色, 捞起沥油, 切成条。

3 盆中加入精盐、味精、花椒油、辣椒油, 充分调匀后, 放入泡甜椒、酥肉, 拌匀装盘即成。

青椒拌皮蛋

15 分钟
麻辣清淡

原料 皮蛋 (松花蛋) 4个, 青椒100克。

调料 酱油2小匙, 香油1小匙。

制作步骤 Method

1 松花蛋剥去外壳, 用清水洗净, 先切成2半, 再改刀切成小瓣。

2 青椒用菜叶垫着, 放于灶内柴火灰上烤, 烤熟一面, 再翻一面, 直到青椒烧出小糊点时取出, 用直刀切成细丝。

3 将切好的皮蛋瓣放入盘内, 放上青椒丝, 加入酱油拌匀, 淋上香油即可。

黑白拌时蔬

原料 水发木耳、水发银耳、黄瓜、红辣椒各50克。

调料 葱丝、蒜末、姜丝各适量，花椒5粒，精盐、味精各1/2小匙，植物油1大匙。

制作步骤 Method

1 将水发木耳、水发银耳分别去蒂，洗净，撕成小朵，再放入沸水锅中焯透，捞出过凉。

2 黄瓜去皮，洗净，切成菱形片；红辣椒去蒂，去籽，洗净，切成菱形片。

3 木耳块、银耳块、黄瓜片、红辣椒片一同放入盆中，加入精盐、味精、葱丝、姜丝拌匀，装盘。

4 锅中加油烧热，放入花椒粒，用小火炸至变色，去除花椒粒，起锅将热油浇入盘中即可。

20分钟
咸鲜清香

20分钟
鲜脆清香

凉拌素什锦

原料 黄豆芽200克，白萝卜、胡萝卜、芹菜各75克，金针菇、水发木耳各25克，香菜15克。

调料 精盐1小匙，米醋、白糖、味精各2小匙，香油、虾油各1大匙。

制作步骤 Method

1 黄豆芽用清水漂洗干净，沥去水分；白萝卜、胡萝卜分别洗净，削去外皮，均切成丝；芹菜择洗干净，切成段。

2 香菜洗净，切段；金针菇洗净，切段；木耳洗净，切丝，锅中加入清水，放入黄豆芽、白萝卜丝、胡萝卜丝、木耳丝，用大火烧开。

3 再放入芹菜段、金针菇段烧开，焯至熟透，捞出沥水，放入盘中，加入香菜段、米醋、白糖、味精、精盐，淋入香油、虾油拌匀即可。

原 料 牛百叶300克, 青椒、红椒各15克, 芝麻10克, 红干辣椒3克。

调 料 蒜末10克, 葱末5克, 精盐、味精、鸡精、生抽各1/2小匙, 白糖、陈醋、辣椒油各1小匙, 胡椒粉、香油、料酒、花椒油各少许, 植物油适量。

制作步骤 Method

1 青椒、红椒分别去蒂及籽, 洗净, 沥去水分, 切成细丝。

2 红干辣椒洗净, 切成细丝; 芝麻放入热锅内炒熟, 取出晾凉。

3 牛百叶洗涤整理干净, 切成细丝, 放入沸水中焯烫一下, 捞出冲凉, 沥干水分。

4 牛百叶丝、青椒丝、红椒丝、葱末、蒜末放入容器内拌匀。

5 再加入陈醋、白糖、精盐、味精、鸡精、生抽、胡椒粉、料酒调匀, 装在大盘内。

6 然后淋上辣椒油、花椒油、香油, 将干辣椒丝、芝麻放入热油锅中炸香, 淋在百叶上即成。

炝拌牛百叶

15分钟
★ 咸鲜微辣

20分钟
清淡爽口

虾油冬笋拌芥蓝

TIPS

　　芥蓝中含有较为丰富的维生素A、维生素C、蛋白质、脂肪和植物性糖类，尤其是维生素C含量非常高，有润肠去热、下虚火等功效。

原 料 芥蓝片350克，冬笋片150克。

调 料 精盐1/2大匙，味精、白糖、白醋各适量，虾油、香油各1小匙，植物油3/5小匙。

制作步骤 Method

1 锅里放入清水，加入精盐、植物油烧开，放入冬笋片、芥蓝片焯至熟透，捞出沥水。

2 容器内加入冷水，放入焯熟的冬笋片、芥蓝片浸泡2分钟，捞出沥水。

3 芥蓝片、冬笋片均放入大瓷碗中，加入精盐、味精、白糖、白醋，再淋入虾油、香油拌匀即可。

原 料 响螺干100克。

调 料 精盐3大匙, 白糖、酸梅酱各少许, 红葡萄酒250克。

制作步骤 Method

1 将响螺干洗净, 用清水泡软, 再放入沸水锅中煮熟, 捞出沥水, 切成片。

2 红葡萄酒、精盐、白糖放入容器中调匀, 制成红酒卤汁。

3 响螺片放入红酒卤汁中, 浸卤约50分钟, 捞出后摆盘, 再配一碟酸梅酱上桌蘸食即可。

红酒螺片

1 小时
软嫩酸鲜

原 料 烟熏豆腐干、生鲜红皮花生各100克, 青椒条、红椒条各30克, 泡辣椒15克。

调 料 大葱30克, 精盐、味精、白糖各1/2小匙, 豆豉1小匙, 植物油4小匙。

制作步骤 Method

1 将烟熏豆腐干、大葱分别用清水洗净, 均切成丁。

2 青椒条、红椒条分别去蒂、洗净, 切成小粒; 泡辣椒去蒂、去籽, 剁成细末。

3 将烟熏豆腐干丁、葱丁、青、红辣椒条、生鲜红皮花生放入盆中。

4 再加入精盐、味精、白糖、豆豉、泡辣椒末、植物油, 充分调拌均匀, 装盘即可。

腐丁花生

20 分钟
酥香麻辣

肉丝拌菠菜

原料 菠菜200克，猪瘦肉100克，香菜20克。

调料 味精1/2小匙，酱油1大匙，米醋、香油各1小匙，植物油1大匙。

制作步骤 Method

1 将猪瘦肉洗净，切成细丝；菠菜、香菜分别择洗干净，均切成3厘米长的段。

2 锅中加入清水烧沸，放入菠菜段焯烫一下，捞出投凉，控净水分，放入盘中。

3 锅中加入植物油烧热，下入猪肉丝，加入酱油炒熟，盛出晾凉，倒在菠菜上面，再加入米醋、味精、香油，撒上香菜段拌匀即可。

10分钟
★ 咸鲜香嫩

腰果拌肚丁

原料 熟猪肚250克，腰果75克，芹菜50克。

调料 葱花25克，花椒5粒，精盐1大匙，味精、米醋、白糖各1小匙，辣椒油2大匙，香油1/2小匙。

制作步骤 Method

1 腰果用温水浸泡，再捞入清水锅中，加入精盐、花椒烧开，转小火煮约30分钟，捞出沥干。

2 芹菜择洗干净，放入沸水锅焯烫3分钟，捞出过凉，切小段；熟猪肚切成1厘米见方的丁。

3 猪肚丁、腰果、芹菜段放入碗中，加入葱花、精盐、味精、米醋、白糖、辣椒油、香油拌匀，即可上桌食用。

40分钟
★ 软嫩香辣 ★

30分钟
清香鲜咸

拌鱼丝

原 料 青鱼中段1块(约400克), 芹菜100克, 熟火腿25克, 鸡蛋清适量。

调 料 精盐、味精、胡椒粉、淀粉、酱油、香油、植物油各适量。

制作步骤 Method

1 芹菜洗涤整理干净, 切成段, 放入沸水锅中焯烫, 捞出沥水, 加入精盐和味精拌匀, 码放在盘内垫底。

2 青鱼剔去鱼骨, 片去鱼皮, 洗净, 沥水, 切成细丝, 放入碗中, 加入少许精盐、味精、胡椒粉、淀粉和鸡蛋清拌匀上浆。

3 锅中加油烧热, 下入鱼肉丝滑散至变色, 捞出沥油, 再放入沸水锅中焯烫一下, 去除油腻, 捞出沥水, 放在芹菜丝上面。

4 熟火腿切成细丝, 放入热油锅中煸炒几下, 出锅撒在鱼丝上。

5 剩余的精盐、味精、酱油、胡椒粉放入碗中调匀成味汁, 浇在码放好的鱼肉丝上面, 再淋上烧热的香油即成。

海米拌双椒

20分钟
咸鲜清香

原 料 青椒300克，红椒50克，海米30克。
调 料 蒜末10克，姜末5克，精盐、酱油、白醋各1小匙，料酒1/2大匙，味精、白糖各1/2小匙，花椒油、香油各2小匙。

制作步骤 Method

1 将海米放入碗中，加入少许温水浸软，捞出沥水，放入碗中，再加入姜末、白醋、料酒、酱油拌匀成味汁。

2 青椒、红椒分别去蒂及籽，洗净，放入加有少许精盐的沸水中焯约1分钟，捞出沥水。

3 将青椒、红椒切成丝，放入碗中，加入精盐、味精、白糖，淋入花椒油拌匀，装入盘中。

4 再倒入海米味汁，撒上蒜末，淋入香油，即可上桌食用。

咖喱萝卜

5 天
鲜辣脆嫩

原 料 白萝卜1000克，胡萝卜150克，大白菜100克。
调 料 蒜末25克，精盐、白糖各4小匙，咖喱粉1大匙，淡盐水（5%）500克。

制作步骤 Method

1 白萝卜、胡萝卜、白菜分别洗净，均切成块，加入精盐拌匀，腌约4小时。

2 将白萝卜块、胡萝卜块、白菜块洗净，沥干水分，放入容器中，加入蒜末、白糖调拌均匀。

3 将白萝卜块、胡萝卜块、白菜块装入坛中，加入淡盐水和咖喱粉，盖严坛盖，腌泡5天至入味，即可上桌食用。

Part❷
浓香卤酱菜

新编大众菜

辣汁卤排骨

TIPS

排骨有很高的营养价值，除含有蛋白质、脂肪、多种维生素外，还含有大量磷酸钙、骨胶原等，可为幼儿和老人提供钙质，并具有滋阴润燥、益精补血的功效。

原 料 猪排骨500克，青椒圈、红椒圈各20克。

调 料 葱段、姜片各10克，精盐、豆豉辣酱各1小匙，水淀粉3大匙，辣味卤汁适量，植物油2000克(约耗60克)。

制作步骤 Method

1 排骨洗净，剁成块，先用沸水焯烫一下，捞出沥干，再放入热油中炸至熟，捞出沥油。

2 将辣味卤汁倒入锅中，放入猪排骨，用旺火烧开，转小火卤约20分钟，捞出装盘。

3 锅中加油烧热，先放入葱段、姜片、辣椒圈炒香，再加入豆豉辣酱、精盐、水淀粉炒匀，浇在排骨上即可。

40分钟
麻辣鲜香

姜汁海蜇卷

55分钟
鲜咸爽口

原 料 大头菜叶300克, 水发海蜇皮200克。

调 料 精盐3大匙, 味精2大匙, 白糖2小匙, 鲜姜汁100克。

制作步骤 Method

1 海蜇皮切成细丝, 用淡盐水浸泡30分钟, 洗净泥沙; 菜叶洗净, 用沸水烫软, 捞出冲凉。

2 将适量蜇皮丝包入菜叶中卷好, 用棉绳捆牢, 包成12个5厘米长、2厘米宽的菜卷。

3 姜汁、精盐、味精、白糖放入碗中调匀, 放入菜卷浸卤20分钟, 捞出装盘, 淋上卤汁即可。

咖喱菜花

20分钟
咖喱味浓

原 料 菜花500克, 洋葱末10克。

调 料 姜末、蒜末各5克, 精盐1小匙, 味精、胡椒粉、咖喱粉、面粉各少许, 辣酱油1大匙, 鸡汤100克, 植物油3大匙。

制作步骤 Method

1 将菜花洗净, 掰成小朵, 再放入沸水锅中焯烫一下, 捞出沥干。

2 锅中加油烧热, 先下入姜末、蒜末炒出香味, 再放入洋葱末略炒。

3 然后加入咖喱粉、面粉、鸡汤、精盐、味精、胡椒粉、辣酱油翻炒, 再放入菜花炒至入味即可。

茶香墨鱼丸

原料 墨鱼丸300克，乌龙茶叶5克，面粉少许。

调料 桂花酱2小匙，蜂蜜1大匙，植物油适量。

制作步骤 Method

1 将茶叶用沸水泡开，滗去茶汁，留下茶叶，放入热油锅中炸酥，捞出。

2 锅中加油烧热，将墨鱼丸裹匀面粉，放入油锅中炸熟，捞出沥油。

3 锅中加入少许清水，先放入蜂蜜、桂花酱用大火熬稠，再放入墨鱼丸、茶叶翻炒均匀，即可出锅装盘。

25分钟
鲜咸浓香

20分钟
软嫩酱香

酱腌冬瓜

原料 冬瓜1000克。

调料 精盐3大匙，甜面酱500克。

制作步骤 Method

1 冬瓜去皮，去瓤，洗净，切成大块，放入坛中，撒入2大匙精盐拌匀，腌渍2天。

2 倒掉坛内盐水，再撒入剩余的精盐拌匀，腌渍8天，每天翻动1次。

3 将腌好的冬瓜块取出，切成长方条，放入清水中浸泡3天，每天换1次清水。

4 将冬瓜条捞出沥水，装入纱布袋中，再放入坛中，倒入甜面酱腌7天，每天翻动1次，食用时取出，装盘上桌即可。

原 料 鲜香菇500克,红辣椒15克。

调 料 大葱40克,姜1块,小茴香10克,肉蔻8克,八角2粒,陈皮3克,草果、香叶各3克,精盐4大匙,味精、熟猪油各1大匙,白糖100克,酱油2大匙,香油适量,老汤3000克。

制作步骤 Method

1 锅置火上,加入白糖及少许清水,用小火熬煮至暗红色,再加入500克清水用旺火煮沸,出锅晾凉后成糖色;大葱洗净,取少许切成小粒,剩余的切成段;红辣椒切成小粒。

2 香菇洗净,去除菇柄,放入淡盐水中浸泡10分钟,捞出,再放入沸水锅中焯烫一下,捞出,沥去水分。

3 锅中加入熟猪油烧至六成热,下入葱段、姜块炒出香味,放入八角、陈皮、小茴香、草果、肉蔻炒匀,倒入老汤烧沸,再加入糖色、酱油、精盐、味精稍煮5分钟,捞出杂质成酱汤。

4 香菇放入酱汤中,用小火酱约10分钟,再转旺火收浓酱汤,撒入葱花、红椒粒炒拌均匀,淋上香油,出锅装盘即成。

酱煨香菇

30分钟

咸鲜滑软

57

90分钟
滑嫩酸香

酱香大肠

TIPS

　　猪肠含有丰富的蛋白质、脂肪、钙、磷等营养素，另外还含有少量的碳水化合物、铁、维生素等，中医认为猪肠有润燥、补虚、止渴、止血等功效。

原料 猪大肠500克，酸黄瓜100克。

调料 酱料包1个，精盐、白糖、味精、酱油、老汤各适量。

制作步骤 Method

1 将猪大肠去净肠壁的油脂和污物，冲洗干净，入锅稍烫，捞出；酸黄瓜切成片。

2 净锅置火上，加入老汤和酱料包烧沸，再加入白糖、酱油、精盐、味精调匀，制成酱汤。

3 猪大肠放入酱汤中，用小火酱约50分钟，然后将猪大肠捞出晾凉，切成马蹄形，码放入盘中，中间放上酸黄瓜片即可。

原 料 金钱肚1000克。

调 料 葱段10克, 姜块8克, 精盐1大匙, 味精2小匙, 冰糖、植物油各4小匙, 卤水2000克。

制作步骤 Method

1 金钱肚刮洗干净, 放入清水锅中, 加入葱段、姜块煮至熟嫩, 捞出沥干。

2 锅置火上, 加入卤水、精盐、味精、冰糖、植物油烧沸, 放入金钱肚, 转小火卤煮10分钟至入味。

3 取出金钱肚晾凉, 切成长条, 码放入盘中, 浇淋上少许卤汁即可。

川味卤金钱肚

60分钟
咸香软嫩

原 料 生猪耳200克, 生猪舌100克。

调 料 葱段15克, 姜片10克, 精盐、味精、花椒粉各1/2小匙, 辣椒粉2大匙, 料酒2小匙, 卤水1000克。

制作步骤 Method

1 将猪耳、猪舌刮洗干净, 加入精盐、姜片、葱段、料酒腌12小时, 再将猪舌放在猪耳中间, 用纱布卷裹成圆筒状, 然后用麻绳缠紧。

2 卤水锅置火上, 放入猪耳卷卤煮1小时, 捞出晾凉, 去掉纱布, 切成片, 装盘, 随带辣椒粉、花椒粉、精盐、味精调成的味碟一同上桌。

卷筒脆舌

3小时
★ 咸香脆嫩

酱腌虎皮尖椒

原 料 青尖椒500克。

调 料 甜面酱75克, 植物油150克。

2 天
酱香鲜辣

制作步骤 Method

1 将青尖椒放入清水中浸泡, 洗净, 去蒂及籽, 擦干表面水分。

2 锅置旺火上, 加入植物油烧至六成热时, 放入青尖椒煎至两面微焦、呈虎皮色时, 捞出沥油。

3 将煎好的青尖椒放入容器中, 加入甜面酱拌匀, 密封后腌渍2天, 即可取出食用。

腌酱青笋

原 料 青笋3000克。

调 料 精盐200克, 甜面酱500克。

10 天
咸香甜脆

制作步骤 Method

1 将青笋削去外皮, 洗净, 切成滚刀块, 放入清水中浸泡, 以防变色。

2 盆中加入适量凉开水、精盐搅拌至溶化, 再放入青笋块, 上压重物, 腌渍5天, 使其自然发酵。

3 将腌好的青笋块捞出, 沥去水分, 放入缸中, 加入甜面酱拌匀, 腌酱5天, 食用时取出, 装盘上桌即可。

35分钟
咸鲜醇香

卤菜卷

原料 猪五花肉300克, 卷心菜100克, 香菜10克。

调料 精盐、味精、胡椒粉、淀粉、香油各少许, 卤汁500克。

制作步骤 Method

1 卷心菜择洗干净, 捞出沥水, 再放入沸水中烫熟一下, 捞出放入冷水中浸泡。

2 香菜去根和叶, 洗净, 放入热水中稍烫, 捞出过凉, 沥水。

3 猪五花肉剔去筋膜, 洗净, 擦净表面水分, 剁成肉末, 放入碗中, 加入精盐、味精、胡椒粉、香油、淀粉调匀成馅料。

4 卷心菜叶放在案板上, 涂抹上一层调好的馅料, 从一侧将卷心菜叶卷起, 用香菜嫩茎绑好成卷心菜卷。

5 锅中加入卤汁烧沸, 放入菜卷用小火卤煮至入味, 捞出沥水, 刷上香油, 切成段, 装盘即成。

椒麻卤鹅

■ 原 料 净鹅肉500克，葱叶30克。

■ 调 料 花椒粒10克，精盐1小匙，味精1/2小匙，植物油2大匙，卤水1000克。

制作步骤 Method

1 鹅肉洗净，用沸水焯烫一下，捞出沥干，再放入卤水锅中煮1.5小时至熟，捞出晾凉，去骨、剁成条状，整齐地码入盘中。

2 花椒、葱叶洗净，再分别剁成蓉状，制成椒麻糊。

3 锅中加油烧热，倒入碗中，放入椒麻糊、精盐、味精、香油调匀，浇在鹅肉上即可。

TIPS

鹅肉为鸭科动物的肉。鹅浑身是宝。鹅翅、鹅蹼、鹅舌、鹅肠、鹅肫是餐桌上的美味佳肴；鹅油、鹅胆、鹅血是食品工业、医药工业的主要原料；鹅肝营养丰富，鲜嫩味美，可促进食欲，是世界三大美味营养食品，被称为"人体软黄金"。

2 小时
麻香浓郁

酱排骨

50分钟 酱香浓郁

原 料 猪排骨1200克。

调 料 鲜姜60克, 精盐1/2小匙, 白糖1小匙, 酱油2大匙, 料酒1大匙, 香料包1个(桂皮、八角、花椒各6克, 丁香1克), 老汤1600克。

制作步骤 Method

1 将猪排骨洗净, 剁成4厘米长的段, 再放入沸水锅中焯烫一下, 捞出冲净。

2 锅中加入老汤, 放入香料包、精盐、白糖、酱油、料酒及拍松的鲜姜煮开, 再下入排骨烧沸。

3 然后撇去浮沫, 转小火酱至汤汁浓稠、排骨熟烂, 再拣出香料包、姜块, 捞入装盘即可。

醇香肚包

2小时 软嫩浓香

原 料 猪肚1个, 带皮猪腿肉片500克。

调 料 葱丝、姜丝各30克, 精盐、味精、花椒粉、料酒各少许, 酱油、米醋各4小匙, 卤汤适量。

制作步骤 Method

1 猪肚放入盆中, 加入精盐、米醋揉搓, 再用清水洗净, 沥干水分, 用洁布揩干。

2 猪腿肉片放入碗中, 加入调料拌匀, 酿入猪肚内, 用竹扦封好口, 再放入沸水锅中略烫, 捞出。

3 锅置火上, 加入卤汤, 放入猪肚煮至酥烂, 捞出, 用重物压实, 晾凉, 食用时切片即可。

五香熏驴肉

原料 净驴肉块1500克。

调料 葱段100克，姜片50克，山柰7克，花椒、八角、陈皮、肉桂、豆蔻各5克，小茴香3克，精盐、白糖、香油各2大匙，酱油3大匙，植物油1大匙。

制作步骤 Method

1 锅中加入植物油烧热，下入葱段、姜片炒香，再放入小茴香、花椒、八角、陈皮、肉桂、豆蔻、山柰略炒。

2 然后加入精盐、白糖、酱油熬成酱汁，放入驴肉烧沸，再转小火煮至驴肉熟透，捞出，摆在箅子上。

3 熏锅上火烧热，放入白糖和装有驴肉的箅子，加盖熏4分钟，取出，切成片，装入盘中，淋入香油，即可上桌食用。

25分钟 香软咸鲜

4小时 咸鲜香嫩

白卤羊肉

原料 带皮带骨羊肉900克。

调料 葱段20克，姜块10克，精盐、料酒各2大匙，卤汁2500克。

制作步骤 Method

1 羊肉漂洗干净，切成大块，放入清水锅中焯水，以除去血色和异味，捞出沥水。

2 净锅置火上，加入卤汁、葱段、姜块、精盐、料酒和适量清水烧沸。

3 再放入羊肉块，放上箅子用重物压住，烧沸，熄火后焖3小时至汤汁降至40℃。

4 取出羊肉，趁热剔去羊骨，羊皮朝下放入盆中摊平，晾凉后切成块，装入盘中，蘸酱油食用即可。

原料 金钱肚1000克。

调料 干葱头、姜各10克，精盐、白糖各2小匙，味精1小匙，冰糖1大匙，酱油5小匙，老汤1000毫升，卤料包1个（葱25克，姜1块，茴香、桂皮、山柰各10克，甘草、八角、草果各5克，砂仁3克，陈皮、丁香、花椒各2克）。

制作步骤 Method

1 干葱头洗净，切成小块；鲜姜去皮，洗净，切成小片；锅中加入清水、白糖烧沸，用小火煮至暗红色，晾凉成糖色；金钱肚剔除油脂和杂质，放入清水中漂洗干净，捞出沥水。

2 锅置火上，加入清水烧沸，放入金钱肚略烫一下，捞出，再放入汤锅中，用中小火煮至八分熟，捞出沥水。

3 锅置火上，添入老汤烧沸，再放入卤料包，用旺火煮几分钟，然后加入酱油、冰糖、精盐、炒好的糖色、味精、干葱头和姜块，转小火熬煮2小时，捞出料包和杂质，制成卤汤。

4 将金钱肚放入卤汤中烧沸，转小火煮熟，关火后浸卤15分钟，捞出晾凉，切成抹刀片，码放在盘内，上桌即成。

卤水金钱肚

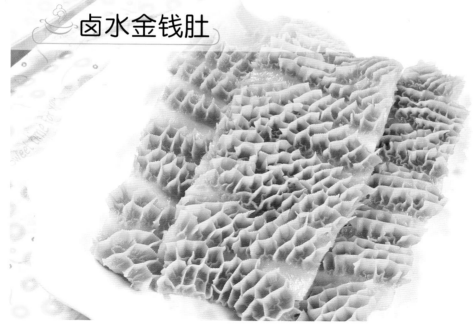

3 小时
★
咸鲜滑软

30分钟
鲜嫩香辣

 卤豆腐

TIPS

汉族传统食品，豆腐是我国炼丹家——淮南王刘安发明的绿色健康食品。时至今日，已有两千一百多年的历史。发展至今，已品种齐全，花样繁多，具有风味独特、制作工艺简单、食用方便的特点。

原料 大豆腐2块，红辣椒2根。

调料 酱油4大匙，沙茶酱1大匙，豆瓣酱2大匙，香油1/2小匙，高汤750克，植物油适量。

制作步骤 Method

1 豆腐洗净，切成厚片；红辣椒洗净，去蒂及籽，切成细丝，锅中加油烧热，放入豆腐片炸至表皮稍硬，捞出沥油。

2 锅中加入高汤、沙茶酱、豆瓣酱、酱油烧沸，放入豆腐小火卤煮20分钟。

3 出锅装碗，撒上红辣椒丝，淋上香油即可。

原 料 鲜毛豆1000克。

调 料 葱段10克，姜片5克，精盐3大匙，味精1/2小匙，料酒2小匙，五香料包1个（花椒、八角、桂皮、香叶、香菜籽各少许）。

制作步骤 Method

1 鲜毛豆洗净，放入清水锅中，加入精盐25克、少许葱段、姜片烧沸，用中火煮熟，捞出沥干。

2 锅中加入清水、剩余的精盐、葱段、姜片、味精、料酒、五香料包烧沸，煮10分钟出香味。

3 倒入容器中，再放入煮好的毛豆浸卤至入味，食用时取出，装盘上桌即可。

卤香毛豆

30分钟
咸香软嫩

原 料 羊蹄5只，牛棒骨1000克。

调 料 葱段、姜片各30克，八角2粒，香叶、砂仁、丁香、肉蔻、良姜各5克，精盐、味精、白糖、料酒各2大匙，鱼露1小匙，酱油3大匙。

制作步骤 Method

1 锅中加入适量清水，放入牛棒骨熬煮30分钟，再加入香叶、砂仁、丁香、肉蔻、良姜，续煮30分钟，滤除原料，制成老汤。

2 羊蹄去毛及蹄甲，洗净，放入老汤中，加入精盐、味精、白糖、料酒、鱼露、酱油、葱段、姜片、八角煮至熟嫩入味，捞出，切成两半，装盘上桌即可。

五香酱羊蹄

90分钟
咸香软嫩

酱萝卜条

:原 料 白萝卜1000克, 红辣椒100克。

:调 料 八角10克, 香叶5克, 桂皮1小块, 酱油3大匙, 白糖2大匙, 味精、鸡精各1小匙。

制作步骤 Method

1 白萝卜去根, 去皮, 洗净, 切成5厘米长, 1厘米宽的长条; 红辣椒去蒂, 去籽, 洗净。

2 净锅置火上烧热, 加入清水, 放入八角、香叶、桂皮、白糖、味精、酱油、鸡精煮约10分钟, 关火晾凉, 制成酱汤。

3 将白萝卜条、红辣椒放入酱汤中拌匀, 酱腌约24小时, 食用时捞出, 摆入盘中, 即可上桌食用。

1 天
★
软嫩辣香

芝麻卤香菇

:原 料 干香菇150克, 芝麻60克。

:调 料 精盐、香油各2小匙, 味精1/2小匙, 白糖5小匙, 甜面酱、酱油各1大匙, 植物油适量。

制作步骤 Method

1 香菇用清水浸泡至软, 去蒂, 洗净, 攒干水分, 再放入五成热油锅中浸炸2分钟, 捞出沥油; 芝麻放入热锅中炒香, 出锅晾凉。

2 锅置火上, 加入少许植物油烧热, 放入甜面酱炒香, 再放入香菇、精盐、酱油炒匀。

3 添入适量清水烧沸, 然后转小火卤至汤汁浓稠时, 撒入熟芝麻, 淋入香油, 出锅装盘即可。

3 小时
鲜嫩香甜

2 小时
香浓嫩滑

黄酱羊里脊

原料 羊里脊肉350克,青菜心50克。

调料 香果1个、八角、山柰、香叶各少许,黄酱1大匙,老姜块、葱段各适量,精盐、味精、胡椒粉各1/3小匙,鸡精、白糖、酱油、料酒、南乳汁各1小匙,水淀粉1大匙,植物油3大匙。

制作步骤 Method

1 青菜心去老叶、洗净,在菜头上剞十字花刀,放入沸水锅中焯至断生,捞出放入煲内。

2 羊里脊肉用清水浸泡,洗去血污,切小块,再放入沸水锅中焯烫,捞出沥水。

3 锅中加入清水、老姜块、葱段、香叶、八角、山柰、香果烧沸。

4 放入羊肉块、料酒、精盐,用小火卤1小时至熟,捞出羊肉块。

5 净锅置旺火上,滗入少许炖煮羊肉的原汁烧沸,加入黄酱、酱油、鸡精、胡椒粉、白糖、植物油、南乳汁烧煮片刻,撇去浮沫。

6 再放入羊肉块,用小火酱烧至羊肉块熟烂,然后用水淀粉勾芡,出锅装入盛有青菜心的煲内,上桌即成。

家常酱牛腱

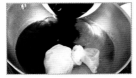

原料 牛腱子肉块750克。

调料 精盐2小匙,味精1小匙,白糖、料酒、酱油各5小匙,酱料包1个(葱2棵,姜1块,八角2粒,陈皮、香叶各3克)。

制作步骤 Method

1 锅置火上烧热,放入白糖及少许清水,用小火熬成糖色;锅置火上,加入清水,放入酱料包、糖色、酱油、精盐、味精、料酒煮沸成酱汤。

2 牛腱子肉块放入清水锅内煮沸,焯烫一下以去除血水,捞出沥干,汤锅置火上,加入酱汤,放入牛腱子肉,酱约1小时至牛腱子熟烂,捞出晾凉,现吃现切即可。

TIPS

牛肉富含蛋白质,氨基酸组成比猪肉更接近人体需要,能提高机体抗病能力,对生长发育及术后、病后调养的人在补充失血、修复组织等方面特别适宜,寒冬食牛肉可暖胃,是该季节的补益佳品。

4 小时
咸鲜浓香

卤味鲜鱿

60分钟
鲜嫩清香

原 料 鲜鱿鱼1000克。

调 料 葱段、姜片各10克，蒜片5克，红曲米少许，精盐2大匙，白糖、酱油、生抽各2大匙，植物油1小匙，香料包1个（花椒、八角、桂皮、丁香、甘草各少许）。

制作步骤 Method

1 将鲜鱿鱼去掉须爪，撕去外膜，用清水洗净，放入沸水锅中焯烫2分钟，捞出沥干。

2 锅中加油烧热，先下入葱段、姜片、蒜片爆香，再添入清水，加入全部调料煮沸。

3 转中火煮约10分钟成卤汁，然后放入鱿鱼煮5分钟，离火后浸泡至入味，食用时捞出，切成条，装盘上桌即可。

酱香鲤鱼

30分钟
酱香鲜咸

原 料 鲤鱼1条，猪五花肉100克，胡萝卜50克。

调 料 葱段、姜块、精盐、味精、料酒、酱油、黄豆酱、白糖、白醋、花椒油、植物油各适量。

制作步骤 Method

1 鲤鱼洗涤整理干净，剞上十字花刀，抹匀黄豆酱，放入油锅内煎至两面金黄，捞出沥油；猪五花肉、胡萝卜洗净，切成小片。

2 葱段、姜块、肉片、胡萝卜入油锅中略煸，加入料酒、白醋、酱油、白糖、精盐、清水烧沸。

3 放入鲤鱼，转小火酱焖至汤汁稠浓，加入味精调匀，用水淀粉勾芡，淋入花椒油即成。

香糟猪肘

原料 猪前肘1个。

调料 葱段、姜片、香叶、八角、精盐、味精、冰糖、料酒、白酒各适量，糟卤汁100克。

制作步骤 Method

1 将猪前肘刮去残毛，洗净，再放入沸水锅中煮熟，捞出冲净，趁热去骨，留下左右两块厚肉。

2 锅中添入清水，加入香叶、八角、葱段、姜片、精盐、味精、冰糖烧开，关火晾凉，再加入剩余调料煮匀，制成糟肘汁。

3 将肘子肉放入糟肘汁中浸卤24小时，取出，切成片，装盘上桌即成。

1 天
糟香味浓

90 分钟
鲜嫩酒香

潮卤浸花腩

原料 带皮猪五花肉1000克。

调料 玫瑰露酒适量，汾蹄汁75克，潮州卤水2500克。

制作步骤 Method

1 带皮猪五花肉用温水浸泡，刮净皮面绒毛，冲洗干净。

2 锅中加入清水，放入带皮猪五花肉烧沸，焯烫出血水，捞出冲净。

3 净锅加入潮州卤水烧开，放入玫瑰露酒和猪五花肉烧沸，转小火卤40分钟后熄火。

4 浸泡20分钟至入味，取出，切成厚片，码入盘中，随带汾蹄汁上桌蘸食即可。

原 料 牛蹄筋500克，油菜150克。

调 料 大葱段15克，姜片10克，八角2粒，精盐、料酒、熟猪油各少许，味精、鸡精各1小匙，豆瓣酱2大匙，香油、辣椒油各1大匙，老汤适量。

制作步骤 Method

1 油菜去根，洗净，放入沸水锅内焯透，捞出沥干。

2 牛蹄筋剔去余肉和杂质，放入冷水中浸泡并洗净，捞出。

3 锅中加入清水、少许葱段、姜片和料酒烧沸，放入牛蹄筋。

4 用小火焖煮约90分钟，捞出用冷水过凉。沥去水分，切成小条。

5 锅中加油烧热，下入葱段、姜片、八角炒香，放入豆瓣酱略炒，再加入老汤烧沸。

6 放入牛蹄筋、料酒、精盐烧沸，转小火酱至熟烂入味。

7 撇去浮沫，加入味精、鸡精稍煮，淋上辣椒油、香油，把焯烫好的油菜放入盘内垫底，再盛入牛蹄筋即可。

酱汁牛蹄筋

2 小时
咸鲜滑软

5 小时
软嫩浓香

五香牛腱子

(TIPS)

　　牛肉有补中益气，滋养脾胃，强健筋骨，化痰息风，止渴止涎之功效，适宜于中气下隐、气短体虚、筋骨酸软、贫血久病及面黄目眩之人食用。

原 料 牛腱子肉1000克。

调 料 葱段、姜片各25克，精盐、味精、白糖各2小匙，料酒2大匙，酱油3大匙，酱料包1个（八角4粒，香叶、丁香、白芷、肉蔻、草果、香草、罗汉果、小茴香各10克），牛肉汤适量。

制作步骤 Method

1 将牛腱子肉洗净，去除筋膜，再放入沸水锅中焯烫5分钟，捞出沥干。

2 锅中加入牛肉汤，下入牛腱子肉、精盐、味精、酱油、白糖、料酒、葱段、姜片和料包烧沸，煮约30分钟。

3 捞出料包，再煮1.5小时，待竹扦能扎透牛腱子肉时离火，浸泡3小时，捞出晾凉，切成片，装盘上桌即可。

原 料 猪蹄2500克。

调 料 葱段、姜片各30克, 精盐1大匙, 味精、老抽各少许, 糖色2大匙, 红曲粉1小匙, 卤水、香油各适量。

制作步骤 Method

1 将猪蹄放入盆内, 加入适量热水浸泡40分钟, 再用刀刮净绒毛, 去掉蹄甲, 洗净。

2 锅内加入清水和红曲粉烧煮5分钟呈红色, 放入猪蹄, 煮至表皮呈红色时, 捞出。

3 锅中加入卤水、葱段、姜片、精盐、味精、糖色、老抽熬煮成卤汁, 放入猪蹄, 用小火卤至熟烂, 取出晾凉, 刷上香油, 剁成大块即可。

卤猪蹄

2 小时
软糯浓鲜

原 料 猪手2500克, 红椒丝50克。

调 料 精盐2大匙, 砂糖3大匙, 白醋75克。

制作步骤 Method

1 猪手破开成两半, 洗净, 放入清水锅中烧沸, 煮约30分钟, 捞出, 用冷水过凉, 斩成小块。

2 锅中加入清水烧沸, 放入猪手块煮至八分熟, 捞入清水中浸泡1.5小时, 取出, 晾干。

3 锅中加入适量清水、精盐、砂糖、白醋烧煮至溶化, 倒入盆中晾凉。

4 再放入猪手块浸泡约6小时至入味, 捞出装盘, 撒上红椒丝即可。

白云猪手

9 小时
咸鲜香嫩

卤煮肠头

原料 猪大肠头800克。

调料 精盐、白醋各适量,香油1大匙,卤水1200克。

90分钟
咸香软烂

制作步骤 Method

1 将猪大肠头切成25厘米长的段,翻过来,刮洗干净,再加入精盐和白醋揉搓,冲洗干净。

2 锅中加入清水,放入猪大肠头烧沸,转中火煮约30分钟,捞出沥水。

3 净锅加入卤水,放入大肠头烧沸,转中小火浸卤40分钟至肠头八分熟时,捞出。

4 刷上香油,切成厚片,装入盘中,淋上少许卤汁即可。

蛋黄猪肚

原料 猪肚尖1个,鸡蛋黄200克。

调料 卤汤2000克。

2小时
软嫩浓香

制作步骤 Method

1 将猪肚尖洗涤整理干净,捞出沥水;蛋黄放入蒸锅内蒸熟,取出,碾碎。

2 将鸡蛋黄装入猪肚尖中,用线绳扎紧封口,先放入卤汤中卤约1小时,再转小火焖40分钟至熟,捞出沥干。

3 将肚尖上的细线解开,切成薄片,码入盘中,即可上桌食用。

60分钟

咸鲜酱香

酱鸡腿

原料 鸡腿1只。

调料 大葱25克, 姜1块, 小茴香5克, 八角2粒, 陈皮、草果、香叶各3克, 肉蔻1克, 精盐1小匙, 味精1小匙, 白糖2小匙, 酱油2大匙, 老汤1000克。

制作步骤 Method

1 大葱去根, 洗净, 切成段; 姜块去皮, 拍松, 放入纱布袋中, 再放入小茴香、肉蔻、八角、陈皮、草果、香叶包好成料包。

2 锅置火上, 加入白糖及少许清水, 用小火熬至暗红色, 再加入500克清水烧沸, 出锅倒入容器内晾凉成糖色。

3 鸡腿去掉绒毛和杂质, 放入清水中浸泡并洗净, 沥去水分, 再放入清水锅中烧沸, 焯烫出血水, 捞出冲净。

4 锅置火上, 加入老汤, 放入香料包烧沸, 撇去浮沫和杂质, 再加入熬好的糖色、酱油、精盐、味精煮沸成酱汤。

5 然后放入鸡腿, 转小火酱煮约15分钟至熟嫩, 关火后焖15分钟, 捞出鸡腿晾凉, 剁成条块, 码放在盘内即可。

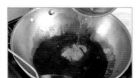

咖喱酱鸡块

TIPS

　　鸡肉对营养不良、畏寒怕冷、乏力疲劳、月经不调、贫血、虚弱等有很好的食疗作用。中医认为，鸡肉有温中益气、补虚填精、健脾胃、活血脉、强筋骨的功效。

原 料 净仔鸡1只。

调 料 葱段、姜片、精盐、味精、咖喱粉、白糖、料酒、番茄酱、香油、清汤、植物油各适量。

制作步骤 Method

1· 仔鸡洗净，剁成大块，放入清水锅中烧沸，焯烫出血水，捞出冲净，沥干水分。

2 放入容器中，加入精盐、味精、料酒拌匀，腌20分钟，再入热油锅中炸至金黄色，捞出。

3 锅留底油烧热，下入葱段、姜片炒香，再加入咖喱粉、番茄酱炒匀，添入清汤烧沸。

4 加入其他调料，放入鸡块，转小火酱至鸡肉熟烂、酱汁收浓时，淋入香油，装碗即可。

45分钟
咸鲜香辣

五香卤鱿鱼

25分钟
鲜香软嫩

原料 鲜鱿鱼1000克。

调料 葱段10克，姜片8克，蒜泥5克，精盐、生抽各2小匙，白糖1小匙，红曲粉3大匙，酱油4大匙，植物油4小匙，香料包1个（花椒、八角、桂皮、丁香、甘草各少许）。

制作步骤 Method

1 鲜鱿鱼去须，去爪，撕去外膜，洗净，放入沸水锅中焯烫一下，捞出沥干。

2 锅中加入植物油烧热，下入葱段、姜片、蒜泥爆香，添入清汤烧沸。

3 再加入调料、香料包烧煮10分钟，然后放入鱿鱼卤5分钟，取出切条，装盘上桌即可。

酱卤鸭

3.5小时
鲜咸酱香

原料 净鸭1只。

调料 葱段、姜片、精盐、鸡精、料酒、卤汤、香油各适量。

制作步骤 Method

1 将鸭子剁去翅尖、脚爪，洗净，沥干，放入盆中，加入精盐、葱段、姜片腌约3小时，再放入沸水中焯烫一下，捞出冲净。

2 坐锅点火，加入卤汤烧开，先放入鸭子煮沸，撇去浮沫。

3 再加入鸡精、葱段、姜片、料酒，转微火煮熟，然后捞出晾凉，淋上香油，即可食用。

干香鳗鱼

:原 料） 活鳗鱼1条(约750克),熟芝麻25克。

:调 料） 精盐、味精各1/2小匙,五香粉少许,海鲜酱、酱油、香油各2小匙,葱姜汁1大匙,白糖、料酒、植物油各2大匙。

制作步骤 Method

1 将鳗鱼宰杀,洗涤整理干净,切成块,再加入料酒、葱姜汁、海鲜酱、精盐、酱油、五香粉拌匀,腌制约1小时。

2 将烤盘刷一层植物油,放上鳗鱼块,再放入烤箱内高温烤30分钟至熟,然后用低温烤1小时左右至鳗鱼块干香。

3 将鳗鱼块取出,加入熟芝麻、白糖、味精、香油拌匀,然后放入冰箱冷藏1小时,取出即可。

3 小时
咸鲜干香

80 分钟
香脆爽口

五味黄瓜

:原 料） 黄瓜500克。

:调 料） 干辣椒、姜丝各5克,白醋2大匙,白糖3大匙,生抽1大匙,精盐、味精、香油、植物油各适量。

制作步骤 Method

1 将黄瓜洗净、抹干,用斜刀片成薄片(切至2/3深处,不要切断),用精盐腌10分钟,挤干水分,放入碗中。

2 锅中加油烧至八成热,先下入干辣椒炸出香味,再加入生抽、白糖、白醋和清水煮成味汁。

3 然后放入姜丝、味精拌匀,再将切好的黄瓜放入味汁中腌制1小时(每隔15分钟翻动1次),待黄瓜入味后,即可取出食用。

原 料 泥鳅500克, 冬笋25克, 香菇15克。

调 料 姜片、蒜片、葱花、八角各少许, 精盐、味精、鸡粉、胡椒粉、白糖、老抽、水淀粉各1小匙, 黄酱3大匙, 花椒油2小匙, 老汤、植物油各适量。

制作步骤 Method

1 香菇用清水泡软, 洗净, 切块; 冬笋切片, 放入沸水锅内焯烫一下, 捞出沥水。

3 黄酱加入少许老汤搅成浓糊状, 再加入老抽调匀。

4 泥鳅放入淡盐水中, 反复搓洗去除黏液, 再放入沸水锅中快速焯烫一下, 捞出沥干。

5 锅中加油烧热, 下入姜片、蒜片、葱花炝锅, 倒入调好的黄酱炒香, 加入八角、泥鳅炒匀。

6 添入老汤烧沸, 放入香菇块和冬笋片, 用旺火酱约5分钟。

7 再加入精盐、味精、鸡粉、胡椒粉、白糖, 转小火酱至入味,勾薄芡, 淋入烧热的花椒油调匀, 出锅装盘即成。

酱味泥鳅

30分钟
咸鲜滑软

60分钟

鲜嫩浓香

卤味螃蟹

TIPS

螃蟹富含蛋白质，有高胆固醇、高嘌呤，痛风患者食用时应自我节制，患有感冒、肝炎、心血管疾病的人不宜食蟹。

原　料 海蟹3只(约500克)。

调　料 酱料包1个(八角2粒，陈皮、草果、香叶各3克，茴香10克，肉蔻8克，葱2棵，姜1块)，精盐80克，白糖4大匙，味精1大匙，酱油3大匙，老汤6000克。

制作步骤 Method

1 将海蟹洗净，剥开蟹壳，去除沙袋及内脏，冲洗干净。

2 锅置火上烧热，放入白糖，加入少许清水，用小火熬成糖色。

3 锅置火上，将酱料包放入老汤中烧开，加入糖色、酱油、精盐、味精调成酱汤，再将海蟹放入酱汤中，用小火酱约25分钟。

4 然后将海蟹捞出，切成两块，再摆回原来形状，装盘上桌即可。

原 料 排骨500克,鸡蛋1个。

调 料 葱花、蒜蓉各少许,辣椒10克,精盐1/2小匙,糖醋汁1小匙,淀粉2小匙,水淀粉2大匙,植物油1000克(约耗150克)。

制作步骤 Method

1 将排骨洗净,剁成小块,加入精盐、鸡蛋液搅匀,再加入水淀粉抓匀,然后拍匀淀粉。

2 锅中加油烧热,先放入排骨炸熟,捞出沥油,再下入葱花、蒜蓉、辣椒炒香。

3 然后加入糖醋汁,用水淀粉勾芡,再放入炸好的排骨翻匀,最后淋入明油即可。

糖醋排骨

40分钟
酸甜鲜香

原 料 牛舌500克,香菜段30克,红干椒15克。

调 料 葱段、姜片各30克,蒜末10克,八角2粒,精盐、味精各1/2小匙,酱油2小匙,辣椒油、花椒油各1小匙,水淀粉、老汤、植物油各适量。

制作步骤 Method

1 牛舌洗净,放入沸水锅中,下入葱、姜、八角煮熟,再捞出晾凉,去除表皮,切成大块。

2 锅中加油烧热,先下入红干椒、葱、姜、蒜炒香,再放入酱油、老汤、精盐、牛舌煮至入味。

3 然后加入味精,撒入香菜段,再用水淀粉勾芡,淋入辣椒油、花椒油,即可出锅装碗。

椒麻牛舌

60分钟
鲜辣麻香

冰花姜汁蟹

原 料 活红花蟹1只。

调 料 葱末、姜块、精盐、白糖、米醋、高度白酒各适量。

制作步骤 Method

1 将活红花蟹揭开蟹盖，除去杂质，用清水洗净，蟹身切成块，蟹钳用刀拍裂。

2 姜块用粉碎机打成蓉，加入白糖、米醋、葱末、白酒制成葱姜汁。

3 将切好的红花蟹连同蟹盖一起泡入葱姜汁中，放入冰箱冷藏浸泡12小时即可。

13 小时
鲜咸清淡

糟香玉兰

原 料 青笋300克。

调 料 精盐、味精各1/2小匙，料酒1大匙，糟卤汁3大匙。

制作步骤 Method

1 青笋去皮，洗净，切成10厘米长的大薄片，再放入沸水中稍烫一下，捞出冲凉，沥干。

2 然后将糟卤汁、料酒、精盐、味精放入小碗中调匀，制成糟香汁。

3 再将青笋片放入糟香汁中浸泡10分钟，取出后对折，摆在盘中即可。

20 分钟
鲜咸糟香

12 小时
咸鲜滑软

盐卤虾爬子

原 料 活虾爬子500克, 香菜15克, 香葱10克, 红辣椒1个。

调 料 姜片、蒜片各10克, 味精、鸡精、胡椒粉、植物油各1大匙, 白糖4小匙, 酱油3大匙, 高度白酒100克, 卤料包1个 (八角、桂皮各10克, 香叶5克, 葱1棵, 姜1块)。

制作步骤 Method

1 香菜、香葱择洗干净, 切成段; 鲜红辣椒去蒂和籽, 切成椒圈。

2 锅置火上, 加入植物油烧热, 下入姜片、蒜片炝锅, 再加入葱段、辣椒圈煸炒片刻, 盛入碗中, 放入香菜段拌匀。

3 然后将虾爬子放入清水内, 用刷子刷洗干净, 捞出沥水, 放入盘内, 取洁净纱布1块, 用少许白酒浸湿, 盖在虾爬子上。

4 坐锅点火, 加入清水、卤料包烧沸, 再加入酱油、味精、白糖、鸡精、胡椒粉煮5分钟, 关火晾凉, 倒在干净容器内, 加入白酒调匀成卤味汁。

5 再放入虾爬子浸泡并卤约12小时, 捞出虾爬子, 码入盘内, 撒上红椒圈等配料, 倒入少许浸泡虾爬子的卤汁即成。

卤水手抓虾

35分钟
咸鲜香嫩

原料 大虾1000克。

调料 干辣椒15克，八角、花椒、葱段、姜片、蒜瓣各12克，香叶、陈皮各5克，草果2克，白糖、味精、荆沙豆酱各2小匙，高汤150克。

制作步骤 Method

1 将大虾剪去虾枪、虾尾，从背部片开去虾线，洗净，沥水，再放入热油锅中炸至金黄色，捞出沥油。

2 锅留底油烧热，下入干辣椒、八角、花椒、葱段、姜片、蒜瓣、香叶、陈皮、草果炒香。

3 再加入白糖、味精、荆沙豆酱、高汤烧沸成卤汁，放入大虾卤至入味，装盘上桌即成。

清酒鲍鱼

60分钟
酒香味浓

原料 水发鲍鱼3只，鲜竹笋50克。

调料 精盐、味精、水淀粉、三花淡奶各少许，日本清酒1瓶，上汤500克。

制作步骤 Method

1 坐锅点火，加入上汤烧沸，放入鲍鱼、清酒煲至入味，捞出沥干，分别装入鲍鱼窝中。

2 将原汤过滤，加入精盐、味精、三花淡奶调匀，再用水淀粉勾薄芡，分别浇在鲍鱼上。

3 然后将鲜竹笋放入热油锅中清炒至熟，摆在鲍鱼窝中点缀即可。

Part③
香滑熘炒菜

冬笋辣鸡球

TIPS

　　鸡肉含有维生素C、维生素E等，蛋白质的含量比例较高，种类多，而且消化率高，很容易被人体吸收利用。

原 料 鸡腿1只，冬菇块、冬笋块各50克。

调 料 红干椒10克，葱末、姜末、蒜片各5克，精盐、味精各1/2小匙，酱油、水淀粉各1大匙，鸡汤400克，植物油适量。

制作步骤 Method

1 鸡腿去骨，切块，加入精盐、水淀粉拌匀，腌渍入味，再放入热油中炸至五分熟，捞出沥油，然后放入冬菇、冬笋略炸，捞出沥干。

2 锅中加入鸡汤烧沸，放入鸡肉块、冬菇、冬笋、精盐、味精、酱油烧至收汁，捞出沥干。

3 锅中加油烧热，下入红干椒、葱末、姜末、蒜片炒香，再放入鸡肉块、冬菇、冬笋炒匀即可。

20分钟
滑嫩辣香

滑菇炒小白菜

15分钟 鲜香嫩滑

[原 料] 小白菜300克, 滑子菇200克。

[调 料] 蒜片5克, 精盐、料酒各1小匙, 味精、鸡精各1/2小匙, 水淀粉适量, 香油、植物油各1大匙。

制作步骤 Method

1 小白菜去根, 洗净, 沥干水分; 滑子菇择洗干净, 放入沸水锅中焯透, 捞出沥水。

2 锅置火上, 加入植物油烧热, 先下入蒜片炒香, 再放入小白菜、滑子菇炒匀。

3 然后烹入料酒, 加入精盐、味精、鸡精调味, 用水淀粉勾芡, 淋入香油, 出锅装盘即可。

麻辣皮丝

20分钟 麻辣鲜香

[原 料] 熟猪肉皮400克, 青椒、红椒各30克。

[调 料] 蒜末15克, 精盐、味精各1/2小匙, 花椒油、辣椒油各2大匙。

制作步骤 Method

1 将青椒红椒去蒂, 洗净, 切成细丝; 猪肉皮刮洗干净, 切成丝。

2 锅置火上, 加入清水烧沸, 放入猪肉皮焯透, 捞出沥水。

3 再将猪肉皮丝、青椒丝、红椒丝放入盘中, 加入蒜末、精盐、味精、花椒油、辣椒油拌匀即成。

抓炒冬瓜

原料 冬瓜300克, 面粉120克, 青椒2个, 鸡蛋1个。

调料 葱花、姜末、精盐、味精、酱油、白糖、香醋、料酒、淀粉、辣椒油、植物油各适量。

制作步骤 Method

1 冬瓜洗净, 去皮及瓤, 切片, 加入少许精盐略腌; 面粉中加入鸡蛋、清水拌匀成稍稠的全蛋糊; 青椒洗净, 去蒂及籽, 切成菱形块。

2 锅中加油烧热, 逐片放入拍上淀粉, 裹匀全蛋糊的冬瓜片炸至金黄色, 倒入漏勺沥油。

3 锅中底油烧热, 放入青椒块稍煸, 再加入料酒、味精、精盐、葱花、姜末、酱油、白糖、冬瓜片炒匀, 勾芡, 淋入辣椒油、香醋即可。

15分钟
外酥里嫩

20分钟
软嫩鲜咸

茼蒿梗爆墨鱼

原料 茼蒿500克, 墨斗鱼250克, 青椒、红椒各10克。

调料 蒜末5克, 精盐、味精、胡椒粉、香油各1小匙, 水淀粉2小匙, 植物油3大匙。

制作步骤 Method

1 茼蒿洗净, 切段, 再放入沸水锅中焯烫一下, 捞出沥干; 青椒、红椒分别去蒂, 洗净, 切丝。

2 墨斗鱼撕去外皮, 去除内脏, 洗涤整理干净, 切成大段, 再放入沸水锅中焯透, 捞出冲凉。

3 锅中留底油烧热, 下入蒜末、青椒丝、红椒丝炒香, 再放入茼蒿段和墨斗鱼翻炒。

4 然后加入精盐、味精、胡椒粉调味, 用水淀粉勾芡, 淋入香油, 即可出锅装盘。

原 料 大虾500克, 三文治25克, 青菜心25克, 冬笋25克。

调 料 精盐1小匙, 味精少许, 料酒2小匙, 葱姜汁1大匙, 淀粉100克, 植物油2大匙。

制作步骤 Method

1 冬笋洗涤整理干净, 和三文治均切片, 同青菜心一起放入沸水锅中焯烫一下, 捞出沥水; 大虾去皮, 去掉虾头保留虾尾, 洗净。

2 先从背部顺长割一刀, 使腹部相连, 放入碗内, 加入少许精盐、味精、料酒、葱姜汁拌匀, 腌渍入味。

3 将大虾平放在案板上, 粘匀淀粉, 用擀面杖捶砸成大片, 再放入沸水锅中氽熟, 捞出冲凉, 沥去水分。

4 锅中加油烧热, 放入三文治片、青菜心、冬笋片略炒, 再烹入料酒, 加入葱姜汁、精盐和少许清水烧沸, 然后放入大虾炒匀即可。

捶熘凤尾虾

25分钟
咸鲜香滑

30分钟
甜酸酥香

糖醋鲳鱼

TIPS

鲳鱼具有益气养血、补胃益精、滑利关节、柔筋利骨之功效，对消化不良、脾虚泄泻、贫血、筋骨酸痛等很有效。平鱼还可用于小儿久病体虚、气血不足、倦怠乏力、食欲缺乏等症。

原 料 鲳鱼块300克，洋葱丁、冬笋丁、胡萝卜丁、水发香菇丁各适量。

调 料 葱花、姜末、蒜片各5克，精盐、酱油各1小匙，味精、番茄酱各1/2小匙，白糖2大匙，白醋、料酒各1大匙，淀粉适量，植物油500克。

制作步骤 Method

1 鲳鱼块加入精盐、味精、料酒拌匀，挂上"水粉糊"，再下热油锅中炸熟，捞出沥油。

2 锅中留油，先下入葱、姜、蒜炝锅，再烹入料酒、白醋，放入番茄酱、洋葱、冬笋、胡萝卜、香菇丁煸炒片刻，然后加入剩余调料，勾芡，再下入鲳鱼块熘匀，出锅装盘即可。

原 料 莲藕300克, 白萝卜片、胡萝卜片各100克, 水发香菇50克。

调 料 精盐、白糖各1小匙, 生抽2小匙, 水淀粉2大匙, 米醋、植物油各1大匙。

制作步骤 Method

1 莲藕去皮、去藕节, 洗净, 切成薄片; 水发香菇去蒂, 洗净, 切成薄片。

2 锅中加入植物油烧至七成热, 放入白萝卜片、莲藕片、胡萝卜片、香菇片炒透。

3 再加入白糖、精盐、生抽炒匀, 淋入米醋, 用水淀粉勾芡, 出锅装盘即可。

醋熘什锦

10 分钟
酸香脆嫩

原 料 肥瘦猪肉末500克。

调 料 葱末、姜末、蒜末各少许, 精盐、味精各1/2小匙, 白糖、料酒各2小匙, 酱油1/2大匙, 米醋1大匙, 水淀粉3大匙, 植物油适量。

制作步骤 Method

1 碗中加入白糖、米醋、酱油、料酒、味精、精盐、水淀粉调成味汁; 猪肉末加入精盐、水淀粉搅拌均匀, 挤成丸子, 入锅炸至焦黄色, 捞出。

2 锅留底油烧热, 下入葱末、姜末、蒜末炒出香味, 烹入调好的味汁炒匀, 再放入丸子翻熘均匀, 出锅装盘即可。

醋熘丸子

20 分钟
鲜香甜酸

干煸白菜叶

原 料 大白菜1000克。

调 料 干辣椒5克, 精盐、味精、花椒粒各1/2小匙, 植物油2大匙。

制作步骤 Method

1 将大白菜切去老根, 用清水洗净, 再去除菜帮, 择取嫩叶, 撕成大片。

2 锅中加油烧至五成热, 先下入花椒粒炸出香味(捞出不用), 再放入干辣椒略炸。

3 然后下入白菜叶煸炒至软, 再加入精盐、味精调好口味, 出锅装盘即可。

15 分钟
鲜咸清淡

糖醋熘西红柿

原 料 西红柿500克, 鸡蛋2个, 面粉20克。

调 料 精盐、米醋各1小匙, 白糖、水淀粉各2小匙, 香油1/2小匙, 淀粉3大匙, 植物油适量。

制作步骤 Method

1 西红柿洗净, 用沸水烫一下, 撕去皮, 切成瓣; 鸡蛋、面粉、淀粉、精盐、清水调成稠糊。

2 锅中加入植物油烧热, 将西红柿瓣粘匀面粉, 裹上蛋糊, 入锅炸至结壳, 捞出, 待油温升高后, 入锅复炸1次, 捞出沥油。

3 锅留底油烧热, 加入少许清水、白糖、米醋、水淀粉烧浓, 放入西红柿块翻炒均匀, 淋入香油, 出锅装盘即可。

20 分钟
脆嫩酸甜

10分钟
咸鲜香嫩

青椒炒蛋

原 料 青椒150克, 鸡蛋4个。

调 料 大葱10克, 精盐、味精、白糖各1/3小匙, 鸡精、料酒各1/2小匙, 胡椒粉少许, 植物油3大匙。

制作步骤 Method

1 青椒去蒂和籽, 用清水洗净, 沥净水分, 放在案板上, 片去表面的筋膜, 再切成细丝, 放在小碗内。

2 大葱收拾干净, 切成碎粒, 放入小碗中, 再磕入鸡蛋, 加入精盐调拌均匀成鸡蛋液。

3 炒锅置火上, 加入植物油烧至六成热, 放入青椒丝滑油至断生, 捞出沥油。

4 炒锅内留底油, 下入搅匀的鸡蛋液炒散至熟, 烹入料酒, 放入青椒丝快速翻炒均匀。

5 再加入胡椒粉、鸡精、味精、白糖调好口味, 出锅装盘即成。

95

豉椒爆黄鳝

TIPS

　　鳝鱼富含DHA和卵磷脂，是构成人体各器官组织细胞膜的主要成分，而且是脑细胞不可缺少的营养。

原 料 鳝鱼300克，青椒、红椒各50克。

调 料 姜末、蒜片各10克，精盐、味精各1/2小匙，豆豉1小匙，料酒、植物油各1大匙。

制作步骤 Method

1 鳝鱼宰杀，洗涤整理干净，剁成小段，再放入沸水中焯去血水，捞出沥干；青椒、红椒分别洗净，去蒂及籽，切成块。

2 锅中加油烧热，先下入姜末、蒜片、豆豉炒出香味，再放入鳝鱼段，烹入料酒，用小火炒熟。

3 然后加入青椒块、红椒块翻炒至熟，加入精盐、味精调好口味，即可装盘上桌。

20分钟
豉香微辣

葱椒鲜鱼条

40分钟
鲜软咸香

原料 净草鱼1条(约750克), 红椒丝15克。

调料 葱段25克, 姜片15克, 精盐1小匙, 味精2小匙, 白糖、料酒各3大匙, 鸡汤500克, 植物油适量。

制作步骤 Method

1 草鱼洗净, 从背部剔去鱼骨, 取净鱼肉, 再切成5厘米长的方条, 用葱、姜、精盐、料酒腌渍30分钟, 再入锅炸透, 捞出沥油。

2 锅底油烧热, 先加入白糖、精盐、料酒、鸡汤烧沸, 再放入草鱼条, 转小火煨熟, 待汤汁浓稠时, 加入葱段、红椒丝炒匀即可。

椒爆蛏头

90分钟
软嫩适口

原料 蛏子头250克, 青辣椒、红辣椒各50克, 冬菇条、冬笋条各10克。

调料 葱花、蒜片、精盐、味精、料酒、水淀粉、清汤、香油、植物油各适量。

制作步骤 Method

1 青辣椒、红辣椒分别洗净, 均切成条; 水淀粉、精盐、味精、清汤调匀成味汁; 蛏子头洗净, 沥水, 下入热油锅中炸至九分熟, 捞出。

2 锅留底油烧热, 下入葱花、蒜片炒香, 再加入青椒条、红椒条、冬菇条、冬笋条略炒。

3 然后加入料酒、蛏子及汁水炒匀, 用水淀粉勾芡, 淋入香油, 装盘上桌即可。

鱼香腰花

原料 猪腰200克, 冬笋片40克, 冬菇片20克。

调料 葱花、姜末各50克, 泡辣椒15克, 蒜蓉10克, 精盐、酱油、料酒、香醋各1小匙, 味精、辣椒油、淀粉各2小匙, 白糖、胡椒粉各1/2小匙, 花椒粉少许, 水淀粉2大匙, 植物油500克。

制作步骤 Method

1 猪腰子洗净, 再剞上斜十字花刀, 切条, 加入精盐、料酒、胡椒粉略腌, 再拍匀淀粉, 下入热油锅中冲炸一下, 捞出沥油。

2 锅中加油烧热, 先下入泡辣椒、冬菇、冬笋略炒, 再放入猪腰子、葱花、姜末、蒜蓉炒匀。

3 然后加入酱油、胡椒粉、辣椒油、味精、白糖、香醋炒至入味, 用水淀粉勾芡, 即可出锅装盘。

20分钟
香辣浓郁

焦熘肥肠

原料 熟大肠200克, 鲜豌豆25克, 木耳20克。

调料 葱末、姜末、蒜末各10克, 精盐、味精、料酒、酱油、白醋各适量, 水淀粉250克, 高汤150克, 植物油1000克。

制作步骤 Method

1 将熟大肠放入沸水锅中焯烫一下, 捞出沥干, 切条, 再挂匀水淀粉糊, 下入热油锅中炸透, 捞出, 然后用热油氽一遍, 捞出沥油。

2 锅留少许底油烧热, 先下入葱末、姜末、蒜末炸香, 再加入料酒、白醋、酱油、精盐、高汤、味精烧开。

3 用水淀粉勾浓芡, 急火推匀爆汁, 然后淋入热油, 放入大肠条、豌豆、木耳颠翻均匀, 即可出锅装盘。

20分钟
脆咸鲜香

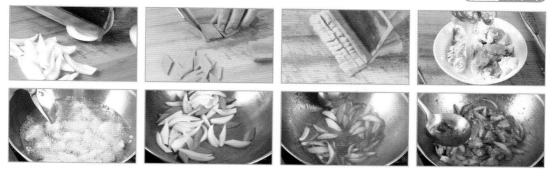

原料 猪里脊肉200克, 洋葱、胡萝卜各少许, 鸡蛋1个。

调料 精盐、味精各少许, 白糖3大匙, 白醋、番茄酱各1大匙, 酱油1/2大匙, 淀粉适量, 植物油1000克(约耗75克)。

制作步骤 Method

1 洋葱剥去外皮, 用清水洗净, 切成小瓣; 胡萝卜洗净, 削去外皮, 切成象眼片; 碗中加入白糖、白醋、酱油、精盐和少许水淀粉调成芡汁。

2 猪里脊肉切成厚片, 剞上浅十字花刀, 再切成象眼片, 放入碗中, 加入少许精盐、味精、鸡蛋液、淀粉调匀上浆。

3 猪里脊肉切成厚片, 剞上浅十字花刀, 切成象眼片, 再放入碗中, 加入少许精盐、味精、鸡蛋液、淀粉调匀上浆。

4 锅中加油烧至七成热, 下入里脊肉炸至呈金黄色时, 捞出。

5 净锅加入底油烧热, 下入洋葱、胡萝卜片煸炒, 再加入番茄酱稍炒片刻, 烹入芡汁炒匀。

6 然后放入炸好的肉段, 用旺火快速翻炒均匀, 淋上少许明油炒匀, 即可出锅装盘。

糖醋里脊

15分钟
酸甜咸鲜

15分钟
★ 脆嫩鲜香 ★

传统熘肉段

TIPS

　　猪肉又名豚肉，是主要家畜之一、猪科动物家猪的肉。其性味甘咸平，含有丰富的蛋白质及脂肪、碳水化合物、钙、磷、铁等成分。

原　料　猪肉300克，青椒条、红椒条各15克，鸡蛋1个。

调　料　葱花、蒜末、姜末各5克，精盐、味精、鸡精各1/2小匙，白糖、料酒、米醋各1小匙，淀粉、鲜汤各适量，植物油1000克。

制作步骤 Method

1 猪肉洗净，切成长方条，加入淀粉、鸡蛋液、精盐、鸡精拌匀，再放入七成热的油锅中炸至金黄色，捞出沥油；碗中加入少许鲜汤、酱油、米醋、白糖、味精、淀粉调成芡汁。

2 锅中加油烧热，下入葱花、姜末、蒜末炒香，烹入料酒，再放入青红椒条煸炒，然后放入肉段，倒入芡汁炒匀，出锅装盘即可。

原 料 羊后腿肉750克。

调 料 大葱500克, 精盐、味精、胡椒粉、白糖、酱油、料酒、香油、熟猪油各适量。

制作步骤 Method

1 将羊腿肉洗净, 切成薄片; 大葱洗净, 斜切成厚片。

2 将羊肉片中加入料酒、酱油、精盐、味精、胡椒粉、白糖、香油拌匀。

3 锅置火上, 放入熟猪油烧热, 下入羊肉片炒散, 再放入大葱炒至肉片断生, 出锅装盘即成。

葱爆羊肉片

20分钟
鲜咸浓香

原 料 甜蜜豆400克, 鲜百合、银杏各25克。

调 料 葱花、姜丝各5克, 精盐、味精、鸡精各1/2小匙, 白糖、水淀粉各1小匙, 植物油3大匙。

制作步骤 Method

1 将百合去黑根, 洗净; 银杏洗净; 甜蜜豆切去头尾, 洗净, 分别下入加有少许精盐和植物油的沸水中焯烫一下, 捞出沥干。

2 坐锅点火, 加油烧热, 先下入葱花、姜丝炒香, 放入甜蜜豆、银杏、百合翻炒。

3 再加入精盐、味精、鸡精、白糖煸炒, 然后用水淀粉勾芡, 淋入明油, 即可出锅装盘。

百合银杏炒蜜豆

15分钟
清香鲜咸

双白炒虾仁

原料 中虾6只, 鸡蛋清1个, 鲜百合、水发白果各100克。

调料 葱花、姜末各15克, 精盐、味精、料酒、水淀粉、高汤、植物油各适量。

制作步骤 Method

1 中虾去头、皮、尾, 挑去沙线, 斜刀片成片; 百合掰开, 洗净, 同白果一起用沸水略焯捞出。

2 锅中加入植物油烧热, 先下入虾仁滑油, 捞出, 再放入葱花、姜末、料酒烹香。

3 然后放入百合、白果、高汤、精盐、味精, 用水淀粉勾芡, 放入虾仁翻炒, 淋入明油, 装盘即可。

20分钟
鲜香清淡

芦笋爆鹅肠

原料 芦笋150克, 鹅肠100克。

调料 精盐、胡椒粉各1/3小匙, 鸡精、味精、淀粉、料酒各1/2小匙, 水淀粉、白醋各适量, 植物油3大匙。

制作步骤 Method

1 将芦笋去筋, 洗净, 切成菱形块, 放入沸水锅中焯至断生, 捞出沥水。

2 将鹅肠用精盐、白醋洗净黏膜, 再用清水洗净, 切成段, 加入精盐、淀粉、料酒、味精码味上浆。

3 锅中加油烧热, 下入鹅肠、芦笋略炒, 然后加入精盐、料酒、味精快速翻炒均匀, 用水淀粉勾芡收汁, 出锅装盘, 撒入胡椒粉即成。

20分钟
清香嫩滑

20分钟
咸鲜酸辣

醋熘白菜

原料 白菜500克, 胡萝卜50克, 干红辣椒5克。

调料 姜片5克, 精盐、味精各1/3小匙, 白糖1/2大匙, 淀粉适量, 陈醋1大匙, 花椒油1小匙, 植物油2大匙。

制作步骤 Method

1 胡萝卜去皮, 洗净, 擦净水分, 切成象眼片, 放入加有少许精盐的沸水锅中焯烫一下, 捞出沥水。

2 干红辣椒去蒂和籽, 洗净, 切成段; 姜片切成细丝; 大白菜去根和白菜叶, 取嫩白菜帮, 洗净, 沥水。

3 先顺长切成长条, 再切成菱形大片, 放入沸水锅中焯透, 捞出, 用冷水冲凉, 沥干水分。

4 锅置火上, 加入植物油烧至六成热, 下入姜丝、辣椒段炝锅, 放入白菜片, 用旺火翻炒均匀, 再放入胡萝卜片稍炒。

5 然后烹入白醋, 加入白糖、精盐、味精炒熟至入味, 用水淀粉勾薄芡, 淋入烧热的花椒油, 出锅装盘即成。

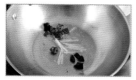

炒生鸡丝

TIPS

　　鸡的肉质细嫩，滋味鲜美，适合多种烹调方法，并富有营养，有滋补养身的作用。鸡肉不但适于热炒、炖汤，而且还是比较适合冷食凉拌的肉类。

原料 鸡胸肉400克，冬笋150克，鸡蛋清2个。

调料 精盐、味精各1/2小匙，料酒、水淀粉各2大匙，鸡汤3大匙，鸡油1大匙，植物油适量。

制作步骤 Method

1 将冬笋去壳，洗净，切成细丝，再放入沸水锅中焯透，捞出过凉。

2 鸡肉洗净，切成丝，加入少许精盐、蛋清、水淀粉拌匀，再下入六成热油中滑散、滑透，捞出沥油。

3 锅中留底油烧热，先下入冬笋丝略炒，再烹入料酒，加入味精、鸡汤、精盐炒匀。

4 然后用水淀粉勾芡，放入鸡肉丝翻炒均匀，淋入鸡油，即可出锅装盘。

20分钟
鲜咸软滑

香菜炒海蜇皮

15分钟
★ 鲜咸清淡 ★

原 料 海蜇皮500克，胡萝卜50克，净香菜段15克。

调 料 葱段、精盐、白醋、白糖、料酒、水淀粉、香油、植物油各适量。

制作步骤 Method

1 将海蜇皮洗净，放入清水中浸泡，捞出沥干，切成细丝；胡萝卜去皮，洗净，切成细丝。

2 锅中加油烧至四成热，先放入胡萝卜丝、海蜇丝、葱段稍炒。

3 再加入白醋、白糖、精盐、料酒烧沸，然后用水淀粉勾芡，放入香菜段，淋入香油，装盘即可。

冬笋熘肉丝

15分钟
★ 鲜香软嫩 ★

原 料 猪里脊肉350克，冬笋丝75克，鸡蛋清1个。

调 料 精盐1小匙，味精少许，淀粉5小匙，料酒、水淀粉各1大匙，鲜汤3大匙，香油2小匙，熟猪油250克（约耗75克）。

制作步骤 Method

1 猪里脊肉洗净，切成丝，放入碗中，加入鸡蛋清、淀粉、少许精盐拌匀上浆；精盐、水淀粉、料酒、香油、味精、鲜汤调匀成味汁。

2 锅中加入熟猪油烧至三成热，下入里脊肉丝，用筷子滑散至变白，倒出多余的油，再放入冬笋丝煸炒均匀，然后烹入味汁翻炒至入味，出锅装盘即成。

面包炒鸭片

原料 鸭胸肉片250克,面包片50克,口蘑片15克,青豆10克,鸡蛋清1个。

调料 葱末、姜末、蒜泥各5克,精盐2小匙,料酒1小匙,鸡精少许,水淀粉2大匙,鸡汤3大匙,熟鸡油1/2大匙,植物油700克(约耗35克)。

制作步骤 Method

1 鸭胸肉片加入精盐、鸡蛋清、水淀粉拌匀,锅中加油烧热,放入鸭肉片滑熟,捞出,待油温升至五成热时,再放入面包片炸至金黄色,捞出沥油,放入盘中。

2 锅留底油烧热,下入葱末、姜末、蒜末炒香,加入料酒、鸡汤、鸡精、精盐调好口味,再放入鸭肉片、口蘑片、青豆炒匀,用水淀粉勾芡,淋入鸡油炒匀,盛在面包片上即可。

20分钟
鲜香酥脆

35分钟
咸鲜酒香

香菇炒鸡冠

原料 公鸡冠250克,胡萝卜片、冬笋片、水发香菇片各50克。

调料 葱花8克,精盐1/2小匙,料酒1/2大匙,酱油、水淀粉各1小匙,酒酿4大匙,香油少许,植物油2大匙。

制作步骤 Method

1 将公鸡冠洗净,用纱布包好,放入容器中,加入酒酿浸泡20分钟,取出,去掉纱布,切成片。

2 锅中加入清水烧沸,放入冬笋片、胡萝卜片、香菇片焯烫一下,捞出,沥干水分。

3 锅置火上,加入植物油烧热,放入鸡冠片、冬笋片、胡萝卜片、香菇片煸炒,再加入料酒、酱油、精盐调味,用水淀粉勾芡,撒入葱花,淋入香油,出锅装盘即可。

原料 猪里脊肉片250克，黄瓜50克，木耳3个，鸡蛋清1个。

调料 葱花、蒜片、姜末各少许，精盐、味精各1/3小匙，白糖1小匙，淀粉各适量，植物油750克。

制作步骤 Method

1 黄瓜去蒂、去根，洗净，削去外皮，切成菱形小片；精盐、味精、白糖、水淀粉放入碗中调拌均匀成芡汁。

2 木耳用清水泡软，去蒂，洗净，撕成小块，放入沸水锅中焯烫一下，捞出沥水。

3 猪里脊肉片加入少许精盐、味精、鸡蛋清和淀粉调拌均匀，码味上浆，再放入热油锅中滑至熟透，捞出沥油。

4 锅留底油烧热，下入葱花、姜末、蒜片炝锅，再放入黄瓜片、木耳块和猪肉片炒匀，然后烹入芡汁炒匀即可。

滑熘里脊

30分钟

鲜咸滑嫩

15 分钟
咸鲜微辣

熘炒羊肝

(TIPS)

羊肝中含蛋白质、脂肪、碳水化合物、钙、磷、铁、维生素A、维生素B$_1$、维生素C、烟酸。

原料 羊肝500克，青椒、红椒、洋葱各50克。

调料 葱花、蒜片、精盐、味精、鸡精、酱油、料酒、水淀粉、香油、植物油各适量。

制作步骤 Method

1 将羊肝洗净，切成柳叶片，先用水淀粉抓匀上浆，再下入三成热油锅中滑散、滑熟，捞出沥油；洋葱、青椒、红椒分别洗净，均切成菱形片。

2 锅中留底油，复置火上烧热，先下入葱花、洋葱片、青椒片、红椒片炒出香味，再放入羊肝片翻炒均匀。

3 然后加入酱油、料酒、精盐、味精、鸡精、蒜片炒至入味，用水淀粉勾薄芡，淋入香油，出锅装盘即可。

原 料 苋菜300克，牛肉150克，蟹柳50克。

调 料 葱段15克，姜末、蒜片各10克，精盐、香醋各1小匙，味精、料酒、香油、花椒油各1/2小匙，水淀粉2小匙，植物油2大匙。

制作步骤 Method

🍲 **牛肉炒苋菜**

1 将苋菜择洗干净，切成小段；牛肉洗净，切成薄片，放入碗中，加入料酒、水淀粉拌匀上浆；蟹柳洗净，切成小段。

2 锅中加油烧热，爆香葱段、姜末、蒜片，再放入牛肉片炒至变色，加入苋菜、蟹柳略炒。

3 然后加入精盐、香醋翻炒均匀，淋入花椒油、香油，加入味精调匀，即可装盘上桌。

15分钟
滑嫩清香

原 料 茭白200克，猪肉150克，泡辣椒3根。

调 料 精盐、味精、胡椒粉各少许，料酒2小匙，水淀粉75克，鲜汤、熟猪油各100克。

制作步骤 Method

1 将猪肉洗净，切成粗丝，放入碗中，加入少许精盐、水淀粉拌匀，码味上浆。

2 泡辣椒去蒂及籽，切成细丝；茭白去根、去皮，洗净，切成长丝；碗中加入精盐、味精、料酒、水淀粉、鲜汤调匀成味汁。

3 锅中加油烧热，先下入猪肉丝略炒，再放入茭白丝炒匀，然后烹入味汁炒至入味，即可出锅装盘。

🍲 **茭白炒肉丝**

15分钟
咸鲜香辣

芥蓝爆双脆

原　料 芥蓝200克, 净鱿鱼、净鸡胗各100克。

调　料 精盐、味精、鸡精各1小匙, 水淀粉2小匙, 料酒、香油、植物油各1大匙。

制作步骤 Method

1 芥蓝去叶, 洗净, 切成小段, 再放入加有精盐和植物油的沸水中焯烫一下, 捞出冲凉。

2 鱿鱼洗净, 剞上十字花刀; 鸡胗洗净, 切成小片, 分别放入沸水中烫至打卷, 捞出沥干。

3 锅中加入植物油烧至七成热, 先下入芥蓝、鸡胗、鱿鱼翻炒均匀。

4 再加入精盐、味精、鸡精炒至入味, 然后用水淀粉勾芡, 淋入香油, 即可出锅装盘。

20分钟
脆嫩清香

白菜炒三丝

原　料 白菜300克, 粉丝150克, 胡萝卜100克, 香菜段15克。

调　料 葱丝15克, 姜丝5克, 精盐、花椒油各1小匙, 味精、胡椒粉各1/2小匙, 植物油4小匙。

制作步骤 Method

1 白菜洗净, 切成细丝; 粉丝用温水泡软, 切成段; 胡萝卜丝放入沸水锅中焯烫一下, 捞出沥水。

2 锅中加入植物油烧热, 先下入葱丝、姜丝炒香, 放入白菜丝煸炒。

3 再放入胡萝卜丝、粉丝、香菜段炒匀, 加入精盐、味精、胡椒粉, 淋入花椒油, 装盘即成。

15分钟
清香脆嫩

20分钟
咸鲜脆嫩

青笋炒牛肉

原 料 牛外脊肉500克, 青笋1根, 鸡蛋1个。
调 料 葱花10克, 姜片5克, 蒜片5克, 精盐1小匙, 味精、胡椒粉各1/2小匙, 淀粉3小匙, 料酒2小匙, 生抽1大匙, 植物油750克。

制作步骤 Method

1 青笋切去根, 削去外皮, 洗净, 沥净水分, 先顺长切成两半, 再切成大片。

2 牛外脊肉洗净, 切成厚片; 鸡蛋磕入碗中, 加入胡椒粉、生抽、味精和淀粉搅拌均匀, 再放入切好的牛肉片调拌均匀, 码味上浆。

3 锅置火上, 加入植物油烧至四成热, 先下入牛肉片滑炒至变色, 再放入青笋片滑约1分钟, 捞出沥油。

4 锅留底油烧热, 下入葱花、姜片、蒜片煸香, 烹入料酒, 再放入牛肉片、青笋片翻炒2分钟。

5 然后加入精盐、味精翻炒至入味, 淋入少许熟油炒匀, 即可出锅装盘。

熘虾段

TIPS

虾营养丰富，含蛋白质是鱼、蛋、奶的几倍到几十倍；还含有丰富的钾、碘、镁、磷等矿物质及维生素A、氨茶碱等成分，且其肉质松软，易消化。

原料 大虾350克，洋葱块50克，鸡蛋1个。

调料 葱花10克，姜末、蒜片各5克，精盐、味精各1/2小匙，白糖、酱油、白醋各1小匙，料酒、鲜汤各1大匙，淀粉4小匙，植物油1000克。

制作步骤 Method

1 大虾洗净，切成两段，再加入精盐、味精、料酒、鸡蛋液、淀粉拌匀上浆；锅中加油烧热，下入虾段炸至金黄色，捞出沥油。

2 小碗中加入少许料酒、酱油、白糖、精盐、味精、鲜汤、淀粉调匀成味汁；锅留油烧热，先下入葱花、姜末、蒜片炒香，再放入洋葱块略炒，然后烹入米醋，放入虾段，倒入味汁熘炒匀即可。

20分钟

鲜香酥嫩

鱼香茭白

20分钟 ★
鲜嫩香辣

原 料 茭白片500克, 泡辣椒段适量。

调 料 葱末、蒜末各5克, 精盐、豆瓣酱各1小匙, 胡椒粉、鸡精、白糖、料酒、米醋各少许, 淀粉2小匙, 酱油1大匙, 香油、辣椒油、清汤、植物油各适量。

制作步骤 Method

1 碗中加入酱油、清汤、精盐、料酒、米醋、辣椒油、白糖、胡椒粉、鸡精、淀粉调匀成鱼香汁。

2 锅中加油烧热, 放入茭白片滑透, 捞出沥油; 锅底油烧热, 下入葱末、蒜末和豆瓣酱末炒香。

3 再放入泡辣椒段、茭白片炒匀, 然后烹入鱼香汁翻炒均匀, 淋入香油, 装盘即可。

米汤炒南瓜

原 料 南瓜600克, 青椒80克。

调 料 葱花、姜末、精盐、味精、水淀粉、米汤、香油、植物油各适量。

制作步骤 Method

1 南瓜洗净, 去皮及瓤, 切成5厘米长的粗条; 青椒洗净, 去蒂及籽, 切成细丝。

2 炒锅置旺火上, 加入植物油烧至七成热, 先下入葱花、姜末炒出香味, 再放入南瓜条翻炒至软。

3 然后加入青椒丝、米汤、精盐、味精炒至南瓜软烂入味, 再用水淀粉勾芡, 淋入香油, 即可出锅装碗。

25分钟 ★
软嫩鲜咸

113

豆豉牛肉

原料 牛腿肉400克，豆豉10克，蛋清1个，香菜、小苏打各适量。

调料 葱段、姜片、蒜末、精盐、味精、料酒、白糖、淀粉、水淀粉、清汤、植物油各适量。

制作步骤 Method

1 将牛腿肉洗净，切成薄片，加入少许精盐拌匀，再加入蛋清、淀粉抓匀上浆。

2 锅中加油烧至六成热，先放入肉片、姜片滑熟，捞出沥油，再下入蒜末、豆豉末炒香。

3 然后加入葱段、香菜、料酒、清汤、精盐、白糖、味精，用水淀粉勾芡，再放入牛肉片、姜片翻炒均匀，出锅装盘即可。

15分钟
鲜咸浓香

炒豆腐皮

原料 豆腐皮250克，猪外脊肉150克。

调料 植物油3大匙，葱花、姜末各适量，酱油、料酒各1大匙，白醋、白糖各1小匙，精盐、味精各1/2小匙，淀粉适量。

制作步骤 Method

1 豆腐皮泡软、洗净，猪外脊肉洗净，捞出沥水，均切成细丝。

2 锅中加油烧热，下入葱末、姜末、肉丝煸炒，再下入豆腐皮丝，烹入料酒、白醋翻炒。

3 然后加入酱油、白糖、精盐、清汤、味精翻炒均匀，用水淀粉勾芡，淋入明油，撒上葱花即可。

10分钟
鲜咸软嫩

原料 土豆400克，红蘑50克，青椒、红椒各15克。

调料 葱末、姜末、蒜末、各少许，葱段、姜片各15克，精盐、味精、胡椒粉、香油各适量，酱油2大匙，鲜汤150克，植物油750克。

制作步骤 Method

1 土豆削去外皮，洗净，切片；青椒、红椒分别去蒂及籽，洗净，切块；红蘑泡软，洗净。

2 再放入沸水锅内烫透，捞出沥水，加入葱段、姜片和鲜汤，上锅蒸1小时至入味，取出。

3 锅置火上，加入植物油烧热，放入土豆片炸熟，捞出沥油。

4 锅留底油烧热，下入葱末、姜末、青椒块、红椒块稍炒。

5 再放入红蘑块、土豆片翻炒均匀，加入酱油，浇入蒸红蘑的原汁烧沸。

6 然后加入蒜末、精盐、味精、胡椒粉和香油炒匀，即可出锅装盘。

红蘑土豆片

90分钟
香软鲜咸

15分钟
鲜咸清爽

腰果虾仁

TIPS

虾中含有丰富的镁，镁对心脏活动具有重要的调节作用，能很好的保护心血管系统，它可减少血液中胆固醇含量，防止动脉硬化，同时还能扩张冠状动脉，有利于预防高血压及心肌梗死。

原 料 虾仁300克，腰果100克，鸡蛋清1个。

调 料 葱末10克，姜末、蒜末各5克，精盐、料酒、香油各1小匙，酱油2小匙，白糖、米醋、水淀粉各1大匙，淀粉2大匙，鲜汤3大匙，植物油适量。

制作步骤 Method

1 虾仁去沙线，洗净，加入少许精盐、蛋清、淀粉拌匀；腰果放入热油锅中炸至脆酥，捞出沥油。

2 碗中加入精盐、味精、酱油、白糖、米醋、料酒、香油、鲜汤、水淀粉调匀成味汁。

3 锅中加油烧至五成热，先下入虾仁炒散，再放入葱末、姜末、蒜末炒出香味。

4 然后烹入调好的味汁，用旺火炒至收汁，最后放入腰果翻炒均匀，即可出锅装盘。

原料 鱿鱼卷、菠萝(罐头)各200克，番茄50克。

调料 葱段、蒜末、酱油、味精、白糖、白醋、水淀粉、香油、熟猪油各适量。

制作步骤 Method

1 将鱿鱼卷洗净，放入八成热的水中焯烫一下，捞出沥干；番茄洗净，切成块，与葱段、蒜末一起盛入小碗中。

2 再加入白糖、酱油、白醋、味精、水淀粉、香油拌匀，调成芡料；菠萝块装入盘中垫底。

3 锅中加油烧热，先倒入芡料煮沸，再放入鱿鱼卷快炒，出锅装入垫有菠萝的盘中即可。

花卷鱿鱼

20分钟
鲜咸嫩滑

原料 大虾10只，咸鸭蛋黄3个。

调料 精盐、味精各1/2小匙，料酒1小匙，淀粉100克，植物油750克(约耗50克)。

制作步骤 Method

1 将大虾去壳、去沙线，洗净，沥干，加入少许精盐、味精、料酒拌匀，腌渍2分钟，再拍上淀粉，下入七成热油中炸至金黄色，捞出沥油。

2 咸蛋黄放入小碗中，入锅蒸熟，取出晾凉，捣成蓉状。

3 锅中留底油烧热，先下入咸蛋黄，用小火炒至泡沫状，再放入大虾翻炒均匀，出锅装盘即可。

蛋黄炒大虾

20分钟
浓香适口

熘肥肠

原料 熟猪肥肠300克，黄瓜片50克。

调料 葱末、姜末、蒜末各5克，精盐、味精、白糖、米醋、香油各1小匙，酱油、料酒各1大匙，水淀粉2小匙，植物油600克（约耗50克）。

制作步骤 Method

1 将熟肥肠切成斜段，下入沸水锅中焯透，捞出沥干，再放入七成热油锅中浸炸一下，捞出沥油。

2 小碗中加入精盐、味精、酱油、白糖、米醋、料酒、水淀粉调匀成味汁。

3 锅中加油烧热，先下入葱、姜、蒜炒香，再放入肥肠、黄瓜、味汁、香油炒匀，即可出锅装盘。

15 分钟
咸鲜香浓

虾酱茼蒿炒豆腐

原料 卤水豆腐300克，茼蒿茎100克，鲜虾酱50克，鸡蛋1个。

调料 葱末、姜末、味精、胡椒粉、香油、高汤、植物油各适量。

制作步骤 Method

1 将茼蒿茎洗净、切成粒，放入开水中略烫，捞出沥干。

2 卤水豆腐切成小丁，下入沸水中焯烫，捞出，放入热油锅中煎炒至表皮稍硬呈乳黄色。

3 将虾酱加入鸡蛋打匀，放入热油锅内炒碎，再加入葱末、姜末、高汤、味精、胡椒粉、豆腐丁烧至入味。

4 然后加入茼蒿丁翻炒，淋入香油，出锅装盘即可。

15 分钟
鲜嫩咸香

25 分钟
咸鲜嫩滑

辣炒蛤蜊

原 料 活蛤蜊400克，青椒、红椒各50克。

调 料 大葱、姜块、蒜瓣、辣椒酱、白糖、胡椒粉、料酒、酱油、白醋、植物油、香油各适量。

制作步骤 Method

1 青椒、红椒分别去蒂和籽，洗净，捞出沥水，切成小块；大葱、姜块、蒜瓣分别洗净，均切成细末。

2 用刷子将蛤蜊壳刷洗干净，再换清水漂洗干净。

3 锅内加水烧沸，放入蛤蜊煮至开壳，捞出，用原汤冲净。

4 锅中加油烧热，下入葱末、姜末、蒜末炝锅，加入辣椒酱略炒，再放入青椒块和红椒块炒匀，然后加入料酒、白醋、酱油、白糖、胡椒粉调好口味。

5 再放入蛤蜊快速翻炒至熟，淋入香油炒匀，出锅装盘即成。

炒辣子鸡块

40分钟 香辣爽口

原料 净仔鸡1只(约750克),青椒、红椒各50克。

调料 葱段、花椒粒各10克,姜片、蒜末、干辣椒、精盐、味精、酱油、米醋、料酒各适量,水淀粉1大匙,鸡汤150克,香油1小匙,植物油3大匙。

制作步骤 Method

1 将仔鸡放入清水锅中煮至七分熟,捞出晾凉,剁成5厘米长,2厘米宽的块;青椒、红椒分别洗净,去蒂及籽,均切成小片。

2 锅中加油烧热,下入花椒粒炸香后捞出,再放入姜片、蒜末、干辣椒略炒,加入鸡块、精盐、味精、米醋、鸡汤焖至汤汁收干时,勾芡,淋入香油,即可出锅装盘。

XO酱炒鸡丁

30分钟 咸香鲜嫩

原料 鸡胸肉400克,红椒丁、黄椒丁各15克。

调料 葱段10克,姜片5克,精盐少许,酱油、料酒各1小匙,淀粉适量,XO酱、植物油各3大匙。

制作步骤 Method

1 鸡胸肉洗净,切成小方丁,加入酱油、料酒、淀粉拌匀,腌20分钟。

2 锅中加入植物油烧热,下入葱段、姜片炒香,再放入鸡肉丁炒散,盛出。

3 净锅置火上,加入植物油烧热,放入红椒丁、黄椒丁,加入XO酱、精盐、鸡丁翻炒均匀,出锅装盘即可。

Part④
原味蒸煮菜

冬瓜八宝汤

冬瓜维生素中以抗坏血酸、硫胺素、核黄素及尼克酸含量较高，具防治癌症效果的维生素B_1，在冬瓜籽中含量相当丰富。

原 料 冬瓜300克，干贝、虾仁、猪肉各50克，胡萝卜20克，干香菇3朵。

调 料 葱段15克，精盐1小匙。

制作步骤 Method

1 冬瓜洗净，去皮及瓤，切成小块；胡萝卜洗净，去皮，切成滚刀块；猪肉洗净，切成片。

2 虾仁去沙线，洗净；干香菇泡软，去蒂，洗净，切成小块；干贝用清水泡软，捞出。

3 锅中加入适量清水，先下入干贝、虾仁、肉片、香菇、冬瓜、胡萝卜，用旺火烧沸，再转小火续煮5分钟，然后加入精盐煮匀，撒上葱段，出锅装碗即可。

30分钟
香浓味厚

煮酸菜五花肉

30分钟
脆嫩酸香

原 料 东北酸菜1/2棵，猪五花肉150克，粉丝20克。

调 料 精盐适量。

制作步骤 Method

1 将猪五花肉刮洗干净，切成薄片；酸菜洗净，攥干水分，切成细丝。

2 汤锅置火上，加入适量清水，放入猪五花肉片煮至熟嫩，再放入酸菜丝、粉丝煮沸。

3 然后加入精盐调好口味，关火后静置约30分钟，使酸菜味道慢慢渗入汤中，再置火上烧沸，出锅装碗即可。

金银蒜蒸南瓜

30分钟
软嫩适口

原 料 南瓜片750克，蒜蓉50克，香菜25克。

调 料 精盐1小匙，味精、白糖、植物油各适量。

制作步骤 Method

1 南瓜片加入少许精盐和味精调匀，稍腌片刻；香菜去根和老叶，洗净，沥水，切成段。

2 锅中加入植物油烧热，先下入一半的蒜蓉炒香，出锅盛放在小碗内。

3 再加入剩余的生蒜蓉调拌均匀，然后加入精盐、味精、白糖拌匀成蒜汁。

4 南瓜片摆入盘中，撒上金银蒜蓉汁，入锅蒸熟，取出，点缀上香菜段即可。

鸡汁土豆泥

原料 土豆350克, 鸡胸肉75克, 青椒丁、红椒丁各25克。

调料 葱末、味精、鸡精、胡椒粉各少许, 精盐、白糖、香油各1小匙, 植物油1大匙, 鸡汤150克。

制作步骤 Method

1 土豆去皮, 洗净, 切成块, 入锅蒸熟, 取出晾凉, 碾成土豆泥, 再加入少许植物油拌匀; 鸡胸肉洗净, 切成碎粒。

2 锅置火上, 加入植物油烧热, 先下入葱末和鸡肉粒炒至变色, 再倒入鸡汤烧沸, 放入土豆泥用旺火炒匀。

3 然后加入精盐、味精、鸡精、白糖、青椒丁、红椒丁炒至入味, 撒上胡椒粉, 淋入香油炒匀, 出锅装盘即可。

60分钟
软嫩鲜香

蒸四季豆丸子

原料 嫩四季豆、猪肉馅各200克, 木耳5克, 鸡蛋2个。

调料 葱末、姜末、精盐、味精、水淀粉、高汤各适量。

制作步骤 Method

1 四季豆撕去豆筋, 洗净, 放入蒸锅中蒸熟, 取出, 切成末; 木耳泡发, 洗净, 切细丝。

2 四季豆末放入大碗中, 加入猪肉馅、鸡蛋液、葱末、姜末、味精、水淀粉和少许精盐调匀成馅料, 将馅料挤成丸子, 放入蒸锅内, 用旺火蒸至熟嫩, 取出。

3 锅置火上, 加入高汤烧沸, 放入木耳丝、精盐和味精调味, 勾芡, 浇在四季豆丸子上即成。

40分钟
香软鲜滑

原 料 白萝卜300克，水发海蜇200克，瘦猪肉100克。

调 料 姜片15克，葱花10克，精盐、鸡粉各1小匙，料酒1大匙，植物油1大匙，鲜汤750克。

制作步骤 Method

1 萝卜去皮，洗净，切丝，加入精盐腌出水分，洗净，沥水；猪瘦肉洗净，切成丝，加入少许精盐、料酒拌匀。

2 锅中加入清水烧沸，放入猪肉丝焯烫一下，捞出沥干；海蜇放入清水中浸泡10分钟，用手搓洗干净，捞出沥水，放在案板上，卷成卷，顶刀切成丝，再放入清水中浸泡20分钟以去除盐分，捞出沥水。

3 锅中加入植物油烧至六成热，下入姜片炒出香味，放入白萝卜丝、猪肉片煸炒片刻，烹入料酒，添入鲜汤。

4 用旺火烧沸后转小火炖煮10分钟，加入精盐、鸡粉调味，放入海蜇丝，撒入葱花，出锅盛入汤碗中即可。

萝卜海蜇汤

60分钟
鲜咸汤浓

25分钟
鲜香软糯

彩椒山药

TIPS

山药因富含18种氨基酸和10余种微量元素，及其他矿物质，所以有健脾胃、补肺肾、补中益气、健脾补虚、固肾益精、益心安神等作用，李时珍《本草纲目》中有"健脾补益、滋精固肾、治诸百病、疗五劳七伤"之说。

原 料 山药300克，彩椒6个，鸡蛋清1个。

调 料 葱段、姜片、丁香、精盐、鸡精、白糖、酱油、淀粉、香油、料酒、鲜汤、植物油各适量。

制作步骤 Method

1 彩椒去蒂、去籽及内筋，洗净，切成段；山药洗净，上笼蒸熟，取出晾凉，去皮，捣成蓉泥，再加入精盐搅匀；鸡蛋清加入水淀粉调匀成糊。

2 将彩椒段内部涂上蛋清糊，酿入山药蓉泥，码入盘中，上笼蒸6分钟，取出。

3 锅置火上，加入少许鲜汤、调料烧沸，用水淀粉勾薄芡，浇在彩椒段上即可。

原 料 冬瓜300克, 笋干100克。

调 料 姜片10克, 精盐、味精各1/2小匙, 植物油1大匙, 鲜汤650克。

制作步骤 Method

1 将冬瓜洗净, 去皮及瓤, 切成厚片; 笋干用温水泡透, 切成细丝, 再放入沸水锅中焯熟, 捞出沥水。

2 锅中加入植物油烧至四成热, 先下入姜片炒出香味, 再放入冬瓜片、笋丝略炒一下。

3 然后添入鲜汤烧开, 再转小火续煮10分钟, 最后加入精盐、味精调味, 即可出锅装碗。

冬瓜煮笋丝

35分钟
咸鲜清香

原 料 白菜叶、猪肉各250克, 鸡蛋1个, 面粉少许。

调 料 葱末、姜末、花椒粉、味精各少许, 精盐1/2小匙, 香油1小匙, 水淀粉适量。

制作步骤 Method

1 将猪肉洗净, 剁成肉馅, 加入精盐、味精、花椒粉、葱末、姜末、水淀粉、香油拌匀。

2 白菜叶洗净, 入锅烫软, 捞出投凉, 沥干水分; 鸡蛋磕入碗中, 加入少许面粉调匀成蛋粉糊。

3 白菜叶铺在案板上, 先抹上一层蛋粉糊, 再放上猪肉馅抹平, 卷起成圆柱形, 入锅蒸至熟嫩, 取出, 切成小段, 装盘上桌即可。

如意白菜卷

20分钟
软嫩鲜香

野菌煮鱼肚

原料 野生菌120克, 干鱼肚30克, 枸杞子2克。

调料 葱段、姜片、蒜片各少许, 精盐、味精各1/2小匙, 胡椒粉1/3小匙, 鸡精、料酒各1小匙, 熟猪油2大匙, 植物油4大匙, 鲜汤900克。

制作步骤 Method

1 野生菌去根, 洗净杂质, 用温开水泡涨, 沥干水分, 切成小段。

2 炒锅中加入植物油烧至三成热, 下入干鱼肚炸至发涨, 捞出沥油, 切成条。

3 锅中加入鲜汤, 下入鱼肚条、野生菌烧沸, 再加入调料、猪油烧熟入味, 然后放入枸杞子、葱段、姜片、蒜片, 盛入碗内即成。

25分钟
鲜软咸香

剁椒肉泥蒸芋头

原料 芋头500克, 猪肉蓉100克, 辣椒蓉25克。

调料 大葱15克, 姜末10克, 精盐1/2小匙, 味精、香油各1小匙, 熟猪油5小匙。

制作步骤 Method

1 芋头去皮, 洗净切成片; 大葱去根和老叶, 洗净, 切成碎末。

2 锅中加油烧热, 下入姜末炒香, 再放入猪肉蓉、辣椒蓉煸炒至变色, 然后加入精盐、味精炒出香辣味, 出锅装碗。

3 芋头片、肉蓉剁椒放在大盘内, 再放入蒸锅内蒸至芋头软烂, 淋入香油, 撒上葱花即可。

40分钟
香辣软糯

25分钟
咸鲜滑嫩

汆丸子白菜

原 料 白菜、猪五花肉各200克，粉丝25克，鸡蛋清1个。

调 料 葱末、姜末、精盐、味精、胡椒粉、米醋、水淀粉、香油各少许，料酒1/2大匙。

制作步骤 Method

1. 粉丝用温水泡软，捞出沥水，剪成小段；白菜取嫩白菜帮，洗净，沥水，切成大块。

2. 猪五花肉剔去筋膜，洗净，剁成肉馅，放入碗中，加入鸡蛋清拌匀，再加入少许精盐、葱末、姜末拌匀上劲。

3. 然后加入水淀粉和香油，充分搅拌均匀成馅料，挤成小丸子。

4. 锅置火上，加入清水烧沸，放入小丸子汆熟，捞出，撇去表面浮沫和杂质，放入粉丝段和白菜块煮熟。

5. 再加入料酒，加入精盐、味精、米醋和胡椒粉烧煮至入味、汆好的小丸子推匀，淋入香油，出锅装碗即可。

酸菜敲虾汤

原料 酸菜片300克，大虾仁10个。
调料 葱花、泡姜片各5克，精盐1/2大匙，味精、胡椒粉各1小匙，淀粉100克，熟猪油3大匙，鲜汤1000克。

制作步骤 Method

1 将大虾仁洗净，在背部划一刀，挑除沙线，再粘匀淀粉，用木棒敲打成圆形大片。

2 锅置火上，加入熟猪油烧热，下入酸菜片、泡姜片炒香。

3 再添入鲜汤，加入精盐、味精、胡椒粉，用大火煮约2分钟，然后放入虾仁片略煮，装入汤碗中，撒上葱花即成。

TIPS

　　酸菜最大限度地保留了原有蔬菜的营养成分，富含维生素C、氨基酸、有机酸、膳食纤维等营养物质，由于酸菜采用的是既干净又卫生的储存方法，所以含有大量的可食用营养成分。

10分钟
鲜香微酸

美味虾卷

30 分钟
清香软嫩

原 料 净虾肉250克, 鸡蛋3个。

调 料 葱末、姜末各少许, 精盐2小匙, 香油1小匙, 淀粉1大匙, 胡椒粉、料酒各少许。

制作步骤 Method

1 净虾肉剁成虾蓉, 放在大碗内, 加入葱末、姜末、1个鸡蛋、精盐、料酒、胡椒粉、淀粉和香油搅拌均匀成馅料。

2 将2个鸡蛋放另一碗内, 加入少许精盐和淀粉拌匀, 放入热锅内摊成鸡蛋皮, 取出。

3 把鸡蛋皮上抹上一层馅料, 卷成卷, 放入蒸锅内蒸至熟嫩, 取出装盘, 上桌即成。

笼仔粉砣

25 分钟
清淡软滑

原 料 猪五花肉300克, 红芋粉丝100克, 鸡蛋皮丝50克, 鸡蛋1个。

调 料 精盐、味精、八角粉、花椒粉各1小匙, 葱姜汁2小匙, 鸡油1大匙, 藕粉4大匙。

制作步骤 Method

1 将猪五花肉洗净, 剁成肉蓉, 加入所有调料搅匀成馅料。

2 将肉馅做成大丸子, 再粘上鸡蛋液、粉丝、鸡蛋皮丝, 上笼蒸熟, 装盘上桌即可。

酒酿清蒸鸭子

原 料 净鸭1只(约1500克),水发莲子100克。

调 料 葱段15克,姜片10克,精盐、料酒各2大匙,鸡精、胡椒粉各少许,清汤2000克。

制作步骤 Method

1 鸭子放入沸水锅中焯透,捞出冲净,加入精盐、料酒抹匀内外,再将葱、姜塞入鸭腹,腌渍3小时。

2 砂锅中放入清汤和鸭子,入锅蒸约40分钟,取出晾凉,切成小块。

3 将鸭块和莲子放入砂锅中,入锅再蒸20分钟,然后加入鸡精、胡椒粉调味,即可装碗。

4·小时
清香适口

40分钟
鲜咸嫩滑

原蒸牛鞭

原 料 净牛鞭条500克,净红枣20克,干荔枝、桂圆、枸杞、党参各适量。

调 料 葱段、姜片各10克,精盐1小匙,胡椒粉少许,冰糖、料酒各2大匙,鸡汤500克。

制作步骤 Method

1 将净牛鞭切成小条,加入米醋和5克精盐揉搓,再用清水冲洗干净,放入沸水锅中略焯,捞出沥水。

2 干荔枝、桂圆去外壳,洗净;红枣洗净、去核;枸杞用温水泡软;党参、淮山药切成片。

3 将牛鞭条放入碗中,加入葱段、姜段、料酒、冰糖和鸡汤,入笼蒸25分钟,取出,拣去葱段、姜段,再放入剩余原料、精盐入笼蒸熟,撒上胡椒粉即可。

原　料 猪手750克，油菜心150克，发菜15克。

调·料 葱段、姜片各20克，精盐、蚝油各1/2大匙，味精1小匙，白糖、老抽各2大匙，水淀粉1大匙，料酒100克，上汤100克，香油少许，植物油适量。

制作步骤 Method

1 发菜洗净，用清水泡软，放入碗中，加入少许上汤，入锅蒸10分钟，取出；油菜心洗净，在根部剞上十字花刀。

2 猪手刮去残毛，洗净，每个猪手剁成两半，再放入清水锅中焯烫一下，捞出沥水，趁热涂抹匀少许老抽和料酒上色；上汤、料酒、精盐、蚝油、味精、白糖、老抽入锅烧沸成味汁。

3 锅中加入植物油烧热，放入猪手冲炸至上色，捞出沥油，皮朝下放入大碗中，再放上发菜、姜片、葱段，倒入味汁。

4 入笼用旺火蒸1小时至猪手熟透，取出，扣入盘中，原汁滗入锅内烧沸，用水淀粉勾芡，淋入香油，浇在猪手上，用炒熟的油菜心围在四周即可。

发财猪手

90分钟

咸鲜软糯

15分钟

咸鲜清香

芥菜咸蛋汤

TIPS

　　芥菜入药始见于南朝梁人陶弘景《名医别录》。自古医学认为，芥菜性味辛、温。入肺、胃、肾。功效宣肺化痰、温中利气。主治寒饮内盛、咳嗽痰滞、胸膈满闷等。

原 料 芥菜段250克，熟咸鸭蛋2个。

调 料 姜片5克，精盐1/2小匙，味精少许，水淀粉1大匙，植物油2大匙。

制作步骤 Method

1 熟咸鸭蛋去壳，取出蛋黄，放在案板上，用刀压碎，咸蛋白切成小块，放入凉水中浸泡。

2 锅中加入植物油烧热，下入姜片炒香，再加入适量清水，放入芥菜段、咸蛋黄烧沸。

3 然后放入咸蛋白块调匀，加入精盐、味精调好口味，用水淀粉勾薄芡，出锅盛入汤碗中即成。

原 料 羊腰窝肉1000克。

调 料 葱丝、姜片、八角、花椒各少许,精盐1小匙,味精1/2小匙,香油1小匙,鸡汤500克。

制作步骤 Method

清蒸羊肉

1 羊肉切成半斤左右的块,洗净,捞出,入沸水锅中煮透,捞出沥水,再放入沸水锅内,加入葱、姜片、八角、花椒煮透,捞出晾凉。

2 熟羊肉去皮,切成薄皮,码成梯形,垫入碗底,放入葱丝、姜片、鸡汤上笼屉蒸15分钟。

3 将羊肉取出,扣入盘内,原汤加入调料,淋入香油,浇羊肉上即成。

30分钟
鲜咸浓香

原 料 羊心、羊肺、熟羊肚、羊舌、羊腰子、羊肝各100克,香菜末25克。

调 料 葱末、姜末各5克,精盐、味精、胡椒粉、花椒水、酱油各2小匙,羊肉汤500克。

制作步骤 Method

1 将羊肚切成薄片;羊腰、羊心、羊肺、羊肝、羊舌分别洗涤整理干净,均切成薄片。

2 锅置火上,加入羊肉汤烧沸,先放入羊腰、羊心、羊肺、羊肝、羊舌略煮,再放入羊肚片烧沸。

3 撇去浮沫,然后加入葱末、姜末、酱油、精盐、花椒水煮至熟嫩,盛入大碗中,撒上胡椒粉、味精、香菜末即可。

清香煮羊杂

15分钟
鲜嫩香浓

剁椒蒸鳙鱼头

原料 鳙鱼头1个, 剁椒150克。

调料 葱花、姜末、蒜末各5克, 胡椒粉、蚝油、味精各1小匙, 蒸鱼豉油、植物油各50克。

制作步骤 Method

1 将鱼头去鳃, 洗涤整理干净, 从背部切开, 放入盘中。

2 锅中加油烧热, 下入剁椒、精盐、味精、姜末、蒜末、蚝油、蒸鱼豉油翻炒片刻, 盛出。

3 再均匀的浇在鱼头上, 然后放入蒸锅中, 用大火蒸10分钟, 取出后撒上葱花、胡椒粉, 即可上桌食用。

40分钟
★ 麻辣鲜香 ★

马莲肉

原料 猪五花中方肉750克, 马莲草12根。

调料 葱末、姜末各适量, 精盐、白糖各1/2小匙, 味精、香油各1小匙, 料酒2大匙, 酱油3大匙, 植物油750克(约耗100克)。

制作步骤 Method

1 猪方肉洗净, 切成排骨块, 放入盆中, 加入酱油、料酒、味精、香油、精盐、白糖、葱末、姜末拌匀, 每两块肉用马莲草系在一起。

2 锅中加入植物油烧至六成热, 放入肉块炸至金红色, 捞出沥油。

3 放入碗内, 上屉蒸至熟烂, 取出, 滗出汤汁, 扣入盘中, 趁热浇上原汁即可。

45分钟
鲜香软滑

40分钟
鲜嫩咸香

芙蓉发菜

原料 豌豆苗、熟冬笋、鲜蘑菇各50克，发菜25克，鸡蛋清2个，胡萝卜1/2根。

调料 精盐、味精、淀粉、料酒、冬菇汤、香油各适量。

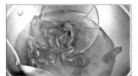

制作步骤 Method

1 豌豆苗取嫩头洗净；胡萝卜洗净，切成末；冬笋、鲜蘑菇洗净，切成片，放入沸水中焯烫一下，捞出沥水。

2 发菜放入清水中泡软，择去杂质，洗净，挤干水分，再撕散，团成小圆饼，放入盘内。

3 蛋清搅匀，加入少许精盐、味精、淀粉打发，放在发菜饼上，逐个点上胡萝卜末，上屉用旺火蒸2分钟，取出。

4 锅中加入冬菇汤、蘑菇片、冬笋片烧沸，捞入汤碗内，再将豌豆苗焯烫一下，捞出，放入盛有蘑菇片的汤碗内。

5 汤中加入精盐、味精、料酒烧沸，撇去浮沫，倒入碗内，最后放入蒸好的发菜饼，使其漂浮在汤面上，淋入香油即成。

137

鲍汁牛舌扣什菌

原 料 卤牛舌500克,杂菌、芦笋各150克。

调 料 蚝油、精盐、味精、鸡精、料酒、水淀粉、牛肉汤、香油各适量。

制作步骤 Method

1 鲜芦笋洗净,放入沸水中焯透,捞出,再加入适量精盐、味精拌匀,摆在盘子的四周。

2 将卤牛舌去除外皮,切成大片,码入碗中;杂菌洗净,焯水,沥干,放入盛有牛舌的碗内。

3 再用调味料调匀,上屉蒸5分钟,取出滗净汤汁,扣在芦笋盘中,然后将汤汁入锅内烧沸,用水淀粉勾芡,淋入香油,浇在牛舌上即可。

TIPS

芦笋富含多种氨基酸、蛋白质和维生素,其含量均高于一般水果和蔬菜,特别是芦笋中的天冬酰胺和微量元素硒、钼、铬、锰等,具有调节机体代谢,提高身体免疫力的功效。

30分钟
鲜咸可口

榄菜虾干蒸芥蓝

20分钟 鲜咸清淡

原 料 芥蓝200克,虾干20克。

调 料 葱、姜末各1/5小匙,橄榄菜、味精各少许,海鲜酱油1小匙,香油1/2小匙,料酒1大匙,植物油50克。

制作步骤 Method

1 芥蓝去皮,洗净,再放入沸水锅中略焯,捞出,用凉水冲凉。

2 锅中加油烧热,将大虾干与榄菜煸炒至出香味时,淋在焯好的芥蓝上。

3 再上笼蒸4分钟,取出,放入葱末,淋入明油,倒入海鲜酱油即可。

清蒸蟹

30分钟 鲜咸清香

原 料 淡水蟹10只。

调 料 葱花、姜末各50克,白糖150克,米醋、酱油各100克,香油20克。

制作步骤 Method

1 将淡水蟹逐只洗净,放入水中养半天,使它排净腹中污物,然后用细绳将蟹钳、蟹脚扎牢。

2 用葱花、姜末、米醋、白糖调和成蘸料,分装十只小碟。

3 将蟹上蒸笼蒸熟后取出,解去细绳,整齐地放入盘内,连同小碟蘸料上桌即可。

山东蒸丸

原料 猪肥瘦肉300克,净白菜心50克,水发海米、水发木耳丝、香菜段、鸡蛋清各25克,鸡蛋1个。

调料 葱丝5克,精盐、味精、胡椒粉、香油各适量,料酒、酱油各1大匙,白醋2大匙。

制作步骤 Method

1 将猪肥瘦肉洗净,剁成蓉泥,放入碗中;水发海米、木耳丝、白菜心放入肉泥碗中,加入葱丝、鸡蛋清、调料搅匀成馅。

2 鸡蛋磕入碗中搅匀,倒入热油锅中摊成蛋皮,取出,切成菱形片;将肉馅挤成丸子,放入平盘中,入笼蒸熟,取出,放入大汤碗中。

3 锅中加入适量清水、酱油、白醋、胡椒粉、香菜段、鸡蛋皮、少许海米、香油烧沸,倒入丸子碗中即可。

60分钟
鲜香嫩滑

20分钟
浓香软烂

百花酿北菇

原料 净北菇24朵,虾胶360克,净蛋白25克,火腿末15克,香菜2棵。

调料 精盐、味精、香油各1小匙,胡椒粉1/2小匙,料酒、淀粉各1大匙,上汤125克。

制作步骤 Method

1 将虾胶拌匀,挤成24个小丸子;北菇用净毛巾吸干水分,内面涂上淀粉,再镶上小丸子,酿入蛋白并抹成山形。

2 然后贴上一片香菜叶,撒上火腿末,摆入盘中,入蒸笼用旺火蒸熟,取出。

3 锅中加入上汤、精盐、味精、胡椒粉、料酒烧沸,勾芡,淋入香油,浇在北菇上即可。

原　料 鲜青菜头500克，咸肉75克。

调　料 葱花少许，老姜、香葱各适量，精盐、鸡精各1小匙，味精、胡椒粉各1/3小匙，鲜汤1000克，熟猪油4小匙。

制作步骤 Method

1 鲜青菜洗涤整理干净，切成滚刀块，放入碗中，加入少许精盐拌匀，腌约30分钟。

2 将腌好的青菜头放入清水中漂净，捞出沥水；老姜洗净，拍破；香葱洗净，切小段。

3 咸肉用温水刷洗干净，擦净水分，切成大片，放入沸水锅中焯烫去咸味，捞出沥水。

4 锅置火上，加入熟猪油烧热，下入老姜、葱段煸炒出香味。

5 添入鲜汤，放入咸肉片和青菜头块煮沸，撇去浮沫。

6 加入精盐、胡椒粉、味精、鸡精调味，煮至青菜头熟而入味，出锅装碗，撒上葱花即成。

青菜煮咸肉

40分钟
★ 鲜嫩清香

60分钟
鲜香软嫩

枸杞山药炖羊肉

TIPS

　　枸杞子含有丰富的胡萝卜素、维生素A_1、维生素B_1、维生素B_2、维生素C、钙、铁等健康眼睛的必需营养，故擅长明目，所以俗称"明眼子"。历代医家治疗肝血不足、肾阴亏虚引起的视物昏花和夜盲症，常常使用枸杞子。

原　料　净羊肉500克，山药1个，枸杞子25克。

调　料　姜片、葱结各10克，胡椒粉、料酒各5小匙，精盐、鸡精各1小匙，植物油5大匙。

制作步骤 Method

1 净羊肉切成小块，放入沸水锅内煮约5分钟捞出，洗去污沫，山药削皮，洗净，斜刀切成小块，用清水浸泡；枸杞子用温水泡软。

2 锅中加油烧热，下入姜片、葱结炸香，烹入料酒，添入清水，放入羊肉块炖至九分熟。

3 再放入山药块、枸杞子，加入精盐、鸡精、胡椒粉调味，续炖约25分钟至软烂，拣出葱结、姜片，起锅倒入汤盆内，淋入香油即成。

原 料 牛肉片300克, 小萝卜菜80克, 番茄1个。

调 料 精盐1小匙, 味精1/2小匙, 料酒2大匙, 牛骨汤适量。

制作步骤 Method

1 将小萝卜菜洗净, 从中间切开; 番茄去蒂, 洗净, 切成小块。

2 净锅置火上, 加入牛骨汤、料酒煮沸, 再放入萝卜菜、番茄块煮5分钟。

3 加入精盐稍煮, 然后放入牛肉片续煮约5分钟, 加入味精调味, 出锅装碗即可。

牛肉萝卜汤

20分钟
鲜咸清香

原 料 鸡腰子3个, 西洋菜30克, 红枣5枚。

调 料 姜片10克, 精盐、味精各1大匙, 白糖1/2大匙, 胡椒粉少许, 料酒、熟猪油各2小匙。

制作步骤 Method

1 西洋菜去根, 洗净; 鸡肾用清水反复冲洗, 再放入沸水锅中略焯, 捞出沥干; 红枣用清水泡软, 洗净。

2 砂锅置火上, 加油烧热, 先放入姜片、鸡肾、料酒爆炒片刻, 再添入适量清水烧沸。

3 放入红枣, 转小火煲约30分钟, 然后放入西洋菜, 加入精盐、味精、白糖、胡椒粉, 转中火续煮10分钟, 即可出锅装碗。

西洋菜煲鸡腰

50分钟
汤鲜味美

白菜豆腐汤

原料 卤水豆腐1块, 白菜(娃娃菜)300克, 猪肉馅100克。

调料 蒜蓉5克, 精盐1小匙, 胡椒粉、米醋各少许, 料酒、水淀粉各1大匙, 猪骨汤适量。

制作步骤 Method

1 将白菜去根, 洗净, 切成块, 放入沸水锅中焯烫一下, 捞出沥水; 卤水豆腐切成小块。

2 锅置火上, 加入猪骨汤烧沸, 再放入白菜块、豆腐块、猪肉馅。

3 然后加入精盐、料酒、米醋煮至入味, 用水淀粉勾薄芡, 撒入胡椒粉、蒜蓉调匀, 出锅装碗即可。

20分钟
软嫩清香

银鱼双菇蒸蛋

原料 银鱼100克, 鸡蛋3个, 草菇、金针菇各20克。

调料 精盐少许, 料酒1/2小匙, 豉油汁、植物油各适量。

制作步骤 Method

1 鸡蛋磕入碗中, 加入精盐、料酒及少许植物油、清水调匀, 入锅用中火蒸4分钟, 离火。

2 银鱼洗净, 沥干; 草菇去蒂, 洗净, 切成片; 金针菇去蒂, 洗净, 切成小段, 均撒入鸡蛋碗中。

3 再上火蒸5分钟至熟, 取出, 淋上豉油汁、热植物油即可。

15分钟
鲜香嫩滑

90分钟
鲜咸浓香

千层羊肉

原 料 羊肋肉750克, 酸菜100克, 西蓝花100克。

调 料 葱段、姜片、八角各少许, 精盐2小匙, 味精、鸡精各1小匙, 酱油、水淀粉各1大匙, 香油1小匙, 植物油适量。

制作步骤 Method

1 西蓝花掰成小朵, 洗净, 再放入加有少许精盐和植物油的沸水锅中焯透, 捞出沥水。

2 酸菜去根, 洗净, 切成丝, 放入热油锅中, 用中小火翻炒均匀, 再加入精盐、味精、鸡精、酱油调好口味, 出锅装盘。

3 羊肋肉放入清水中浸泡, 洗净, 捞出沥水, 切成大块, 放入清水锅中, 加入葱段、姜片、八角烧沸, 转小火煮熟。

4 捞出晾凉, 切成片, 皮朝下码入碗里, 再放入炒好的酸菜丝, 加入少许煮肉的原汤, 将大碗用保鲜膜封好, 放入蒸锅中, 置旺火上蒸15分钟, 取出去膜, 扣入盘中。

5 蒸羊肉的原汁滗入锅中烧沸, 用水淀粉勾薄芡, 均匀地浇在羊肉片上, 再淋入香油, 四周摆上西蓝花即可。

145

腊味合蒸

（TIPS）

　　腊肉从鲜肉加工、制作到存放，肉质不变，长期保持香味，还有久放不坏的特点。此肉因系柏枝熏制，故夏季蚊蝇不爬，经三伏而不变质，成为别具一格的地方风味食品。

原料 腊肠、腊肉各200克，红辣椒25克。

调料 大葱、姜块各15克，精盐少许，料酒1大匙，香油2大匙。

制作步骤 Method

1 大葱、姜块、红辣椒分别洗净，均切成丝；腊肠、腊肉刷洗干净，沥净水分，切成薄厚均匀的片，码放入盘中。

2 再加入料酒、精盐和少许香油，放入蒸锅中，用旺火蒸至熟嫩，取出，撒上葱丝、姜丝和辣椒丝。

3 净锅置火上，加入香油烧至八成热，出锅浇淋在腊肠片、腊肉片上即成。

30分钟
咸香辣鲜

豆豉千层肉

60分钟
★ 豉香味浓 ★

原 料 带皮猪五花肉1000克。

调 料 葱段50克, 姜丝25克, 精盐1大匙, 味精1/2大匙, 酱油3大匙, 豆豉75克, 白糖、料酒各2大匙, 清汤200克。

制作步骤 Method

1 猪五花肉刮净残毛, 冲洗干净, 再放入清水锅中, 用中火煮至六分熟, 捞出沥干。

2 然后下入热油锅中炸至金黄色, 捞出晾凉, 切成大片, 装入碗中。

3 将豆豉、葱段、姜丝、精盐、酱油、料酒、味精、白糖、清汤调匀, 倒入猪肉碗中, 入笼蒸约30分钟, 取出, 扣入盘中即可。

咸烧白

2小时
★ 鲜咸甜辣 ★

原 料 带皮猪五花肉750克, 四川芽菜段200克, 青蒜段少许。

调 料 葱段、姜片、酱油、蜂蜜、白糖、味精、八角、花椒、豆瓣酱、植物油各适量。

制作步骤 Method

1 猪肉洗净, 放入沸水锅中煮至八分熟, 捞出后趁热抹上酱油、蜂蜜, 再下入热油中炸至金黄色, 捞出晾凉, 切成大片, 码入碗中。

2 锅中留底油, 先下入芽菜、豆瓣酱、青蒜略炒, 再倒入猪肉碗中, 加入酱油、白糖、味精、姜片、八角、花椒、葱段入锅蒸2小时, 出锅即可。

梅子蒸排骨

原料 猪肋排800克，酸梅肉20克。

调料 葱丝、蒜末各15克，姜末10克，八角5克，精盐、老抽各1小匙，味精少许，淀粉2小匙，白糖1/2大匙，豆豉、料酒各1大匙，植物油适量。

制作步骤 Method

1 猪排骨洗净，剁成小块，下入沸水锅中焯烫一下，捞出沥水；豆豉加上少许料酒捣烂成汁。

2 锅中加油烧热，下入葱丝、姜末和八角煸炒出香味，再加入料酒、蒜末、豆豉汁、精盐、白糖、老抽烧沸，倒在容器内。

3 然后加入味精和酸梅肉调拌均匀成味汁，倒入排骨块拌匀，腌约1小时至入味，再放入蒸锅内蒸熟，取出，装盘上桌即可。

90分钟
鲜咸味浓

40分钟
鲜咸软嫩

绣球肉丸子

原料 净猪瘦肉300克，肥肉末150克，荸荠末、细蛋皮丝、细木耳丝、细火腿丝各100克，鸡蛋4个。

调料 精盐、味精、胡椒粉、淀粉、明油、高汤各适量，葱姜花椒水200克。

制作步骤 Method

1 将猪瘦肉剁成细泥，放入盆中，加入葱姜花椒水搅拌上劲，再加入肥肉末、荸荠末、鸡蛋、精盐、味精、胡椒粉、少许淀粉调匀成肉馅；火腿丝、木耳丝、蛋皮丝拌匀。

2 将肉馅做成24个丸子，滚上一层"三丝"，摆放盘中，再入笼蒸10分钟至熟，取出。

3 锅中加入高汤烧沸，用水淀粉勾薄芡，淋入明油，趁热浇在丸子上即可。

原 料 带皮五花肉500克,酸菜150克,香葱25克,香菜15克。

调 料 葱段、姜片、精盐、鸡精、酱油、豆瓣酱、甜面酱、白醋、料酒、水淀粉、植物油各适量。

制作步骤 Method

1 酸菜去根,用清水浸泡并洗净,沥去水分,切成丝。

2 香葱去根和老叶,洗净,切成粒;香菜取嫩叶,洗净。

3 五花肉刮洗干净,入沸水中煮30分钟至八分熟,捞出晾凉。

4 再将表面擦净,抹匀酱油、甜面酱、料酒,腌至上色。

5 锅中加油烧至七成热,肉皮朝下入锅炸至金红色,捞出沥油,晾凉,切成长方形大片,装入容器中。

6 锅留底油烧热,下入葱段、姜片、豆瓣酱炒出香味,再放入酸菜丝炒匀,然后加入料酒、精盐、鸡精、酱油炒至入味。

7 出锅倒在五花肉上,放入蒸锅中,用旺火蒸30分钟至熟,取出扣入盘中,淋上蒸肉的原汁,再撒上香葱、香菜叶即可。

家常蒸五花

75分钟

咸鲜香嫩

60分钟
香嫩汤鲜

党参龙骨汤

TIPS

　　白萝卜是一种常见的蔬菜，生食熟食均可，其味略带辛辣味。现代研究认为，白萝卜含芥子油、淀粉酶和粗纤维，具有促进消化、增强食欲，加快胃肠蠕动和止咳化痰的作用。

原料 猪腔骨250克，白萝卜200克，党参1根。

调料 姜片10克，精盐、味精、料酒各2小匙，鸡精、鸡油各1小匙。

制作步骤 Method

1 党参刷洗干净，切成段；白萝卜去皮，洗净，切成小方块，入锅焯烫一下，捞出沥水。

2 猪腔骨洗净，剁成大块，放入清水锅中烧沸，焯烫出血水，捞出，冲洗干净。

3 汤煲中放入腔骨块、党参、姜片，加入料酒、清水烧沸，炖40分钟，放入萝卜块，再加入精盐、味精、鸡精、鸡油续煮10分钟即成。

原 料 猪排骨500克，红薯200克，小油菜适量。

调 料 鸡精、胡椒粉各少许，蒸肉粉1包，白糖、香油各1/2小匙，酱油1大匙。

制作步骤 Method

1 红薯洗净，切成块；小油菜洗净，放入沸水锅中焯熟，捞出沥水；猪排骨洗净，剁成块。

2 将排骨块、红薯块放入大碗中，加入鸡精、胡椒粉、蒸肉粉、白糖、酱油、香油拌匀。

3 蒸锅置火上，加入清水，放入拌好的排骨、红薯块，用旺火蒸30分钟，取出，扣入盘中，用小油菜围边即可。

红薯蒸排骨

45 分钟
鲜香软嫩

原 料 鲜鲍鱼400克，香菇75克，冬笋15克。

调 料 精盐、味精、姜汁各1小匙，料酒2小匙，水淀粉2大匙，高汤、葱油各适量。

制作步骤 Method

1 将鲍鱼从壳中取出，去掉内脏，洗净，剞上花刀，切成小块，放入洗净的鲍鱼壳中，上屉蒸熟，取出。

2 香菇、冬笋均洗净，片成片，放入沸水中汆透，捞出，再放入鲍鱼壳内。

3 锅中加入高汤、姜汁、料酒、味精、精盐烧开，用水淀粉勾芡，淋入葱油，浇在鲍鱼壳内即成。

原壳鲍鱼

30 分钟
鲜香软嫩

带鱼煮南瓜

原料 带鱼200克, 南瓜150克, 红椒圈少许。

调料 葱花5克, 精盐1小匙, 味精1/2小匙, 白酱油75克, 料酒、植物油各1大匙, 高汤适量。

制作步骤 Method

1 带鱼去内脏, 剁掉头尾, 洗净, 先斜剞上一字花刀, 再斩成块; 南瓜去皮、去瓤, 洗净, 切成块。

2 煎锅置火上, 加入植物油烧热, 下入带鱼段煎至金黄色, 取出沥油。

3 锅置火上, 加入高汤烧沸, 放入带鱼段、南瓜块, 加入调料煮25分钟至入味, 撒入红椒圈, 出锅装碗即可。

35分钟
鲜嫩香浓

豉汁蒸盘龙鳝

原料 白鳝鱼1条 (约600克)。

调料 熟蒜蓉5克, 姜末、辣椒末、葱花、陈皮末、胡椒粉、白糖、淀粉、酱油、香油各适量, 豆豉汁1大匙, 植物油2大匙。

制作步骤 Method

1 将白鳝鱼洗涤整理干净, 放入沸水锅中焯烫一下, 捞出冲净, 在鳝背上每隔2厘米切一刀。

2 放入容器中, 加入熟蒜蓉、姜末、辣椒末、陈皮末、豆豉汁、精盐、味精、白糖、香油、酱油、淀粉拌匀, 放入盘中盘成蛇形。

3 再倒入腌汁, 淋入少许植物油, 放入蒸锅中, 用大火蒸约8分钟至熟, 取出, 撒上胡椒粉、葱花, 浇上热植物油即可。

20分钟
鲜香微辣

35分钟
鲜咸香嫩

笼蒸螃蟹

原料 活河蟹12只, 干荷叶1张。

调料 姜块25克, 花椒少许, 精盐1大匙, 镇江香醋3大匙。

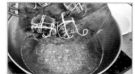

制作步骤 Method

1 姜块去皮, 洗净, 切成细末, 放入碗中, 加入镇江香醋调拌均匀, 制成姜醋汁。

2 河蟹放入清水中, 滴入几滴白酒浸泡, 盖上湿布静养, 取出河蟹, 用刷子刷洗干净, 揭开蟹脐, 放入几粒花椒, 盖上蟹脐盖, 用线绳将每只河蟹的腿和盖捆牢。

3 干荷叶用清水浸泡, 再放入沸水锅中稍烫一下, 捞出, 擦净水分, 修剪整齐, 铺在笼屉内, 河蟹脐朝下放在荷叶上。

4 蒸锅置火上, 加入清水烧沸, 再放入笼屉, 用旺火蒸10分钟至熟, 取出河蟹, 码放在盘内, 食用时蘸姜醋汁即成。

白蘑煮时蔬

25分钟
鲜香微咸

原料 小白蘑200克, 玉米笋、胡萝卜、土豆各50克, 西蓝花30克。

调料 葱花少许, 精盐、酱油各1小匙, 鸡精1/2小匙, 料酒2小匙, 植物油2大匙, 鸡汤500克。

制作步骤 Method

1 小白蘑去根, 用清水洗净, 沥去水分; 玉米笋切成小条; 土豆、胡萝卜分别去皮, 洗净, 均切成片。

2 锅置火上, 加入植物油烧热, 先下入葱花炒出香味, 再加入鸡汤、料酒烧沸。

3 然后放入小白蘑、玉米笋、土豆片、胡萝卜片、西蓝花烧沸, 转小火煮至熟烂, 最后加入精盐、酱油、鸡精调味, 出锅装碗即可。

荷香蒸海参

70分钟
新鲜爽滑

原料 活海参500克, 干荷叶1张。

调料 精盐2大匙, 葱伴侣酱3大匙。

制作步骤 Method

1 将海参去内脏, 洗净, 放入沸水锅中煮约30分钟, 捞出冲凉, 沥干水分, 再加入少许精盐腌渍入味, 取出冲净。

2 锅中加入清水烧开, 放入海参煮约30分钟, 捞入冷水中浸泡。

3 将干荷叶放入清水中泡透, 铺入蒸笼中, 再放上海参蒸至熟透, 即可取出装盘, 配葱伴侣酱上桌蘸食即可。

Part⑤
脆嫩煎炸菜

新编大众菜

奶香土豆饼

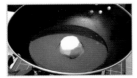

原 料 土豆500克，面粉150克。

调 料 精盐1小匙，味精1/2小匙，番茄酱、炼乳各3大匙，芥末酱1大匙，植物油100克。

制作步骤 Method

1 土豆去皮，洗净，放入蒸锅中蒸熟，取出，放入大碗中捣烂成泥，再加入面粉、味精、精盐拌匀。

2 平底锅置火上，加入植物油烧热，用手勺舀入适量土豆泥，按压成圆饼形，逐个用中火煎至两面呈微黄色时，取出。

3 装入盘中，随带炼乳、芥末酱和番茄酱上桌蘸食即可。

TIPS

土豆含有丰富的维生素B_1、维生素B_2、维生素B_6和泛酸等B族维生素及大量的优质纤维素，还含有微量元素、氨基酸、蛋白质、脂肪和优质淀粉等营养元素。经常吃土豆的人身体健康，老得慢。

30分钟
暄软奶香

香煎南瓜片

20分钟
酥嫩香软

原 料 南瓜500克, 香菜末25克。

调 料 精盐1小匙, 胡椒粉1/2小匙, 面粉、植物油各3大匙。

制作步骤 Method

1 将南瓜去皮、去瓤, 洗净, 切成长薄片, 加入少许精盐腌一下, 沥去水分, 再加入面粉、精盐、胡椒面拌匀调味。

2 煎锅置火上, 加入植物油烧热, 放入南瓜片, 用小火煎至两面呈金黄色时, 取出沥油, 装入盘中, 撒上香菜末即可。

鲜奶炸柿排

25分钟
鲜甜酥香

原 料 西红柿300克, 鸡蛋2个。

调 料 炼乳2大匙, 淀粉3大匙, 面包糠100克, 植物油500克(约耗50克)。

制作步骤 Method

1 将西红柿去蒂、洗净, 切成0.5厘米厚的圆片; 鸡蛋磕入碗中搅散。

2 西红柿片粘匀淀粉、拖上蛋液、滚匀面包糠。

3 锅中加油烧至五成热, 放入柿排炸至金黄色, 捞出沥油装盘, 配炼乳蘸食即可。

红薯鸡腿

原料 红心红薯1000克,面粉300克,熟黄豆面适量。

调料 红糖100克,碱面、白糖各适量,植物油300克(约耗50克)。

制作步骤 Method

1 红薯去皮,洗净,放入蒸锅中蒸熟,取出晾凉,碾碎,加入面粉100克及红糖、碱面揉和成泥状,均匀地分成10份。

2 剩余面粉加入清水揉成面团,稍饧,下成10个剂子,再擀成面皮,分别包入红薯泥馅呈椭圆形,然后在中间斜切一刀成为两个"鸡腿"。

3 锅中加入植物油烧至六成热,逐个放入"鸡腿"炸至呈金黄色、浮起时,捞出沥油,装入盘中,食用时撒上少许白糖、熟黄豆面即可。

30分钟 香甜酥嫩

20分钟 酥软鲜香

香煎茄片

原料 长茄子2根,青蒜段30克,海米粒、青椒粒、红椒粒各少许,蛋黄液2个。

调料 葱末、姜末、蒜末、精盐、鸡精、胡椒粉、白糖、淀粉、生抽、高汤、植物油各适量。

制作步骤 Method

1 长茄子去蒂、去皮,洗净,切成厚片,剞上十字花刀,加入少许精盐稍腌,再拍上淀粉,蘸上蛋黄液,放入热油锅中煎至金黄色,捞出沥油。

2 锅留底油烧热,先下入姜末、葱末、蒜末炒香,再放入青椒丁、红椒丁、海米粒、高汤、茄子片烧沸。

3 然后加入精盐、胡椒粉、生抽、白糖、鸡精调好口味,勾芡,撒入青蒜段,出锅装盘即可。

原 料 长茄子250克，猪五花肉200克，中筋面粉50克，鸡蛋3个。

调 料 精盐、味精各少许，淀粉100克，香油、胡椒粉各1小匙，植物油适量。

制作步骤 Method

1 鸡蛋磕入碗中搅散，先放入面粉和淀粉搅匀成浓糊，再加入少许精盐、味精调味，然后放入少许植物油搅匀。

2 猪五花肉剔去筋膜，洗净，擦净水分，剁成肉蓉，放入碗内，加入精盐、味精、香油、胡椒粉和少许清水搅匀成馅。

3 茄子去蒂，洗净，沥净水分，切成两片相连的蝴蝶片，再酿入馅料成茄饼，然后放入调好的面糊内拌匀挂糊。

4 平锅置火上，加入植物油烧至六成热，放入挂匀糊的茄饼，煎炸至两面呈金黄色、熟透时，取出控油，码入盘内即可。

鲜肉茄饼

30分钟

咸鲜酥脆

20分钟
鲜咸酥嫩

蛋烙生蚝

TIPS

生蚝中所含丰富的牛黄酸，有明显的保肝利胆作用，这也是防治孕期肝内胆汁淤积症的良药。

原料 生蚝100克，鸡蛋6个，火腿肠50克，胡萝卜30克，水发香菇25克。

调料 葱末3克，精盐、鸡精各1小匙，味精、香油各1/2小匙，植物油4小匙。

制作步骤 Method

1 生蚝去壳取肉，洗净；鸡蛋打入碗内，加入精盐、葱末、鸡精搅匀。

2 香菇、胡萝卜、火腿分别洗净，切成碎末，与生蚝一同放入鸡蛋液碗中搅匀。

3 锅中加油烧热，倒入鸡蛋液煎至金黄，再加入清汤、味精略烧，淋入香油，撒上葱末即成。

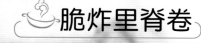

原 料 猪里脊肉250克, 鱼肉蓉100克, 猪肥肉蓉50克, 鸡蛋清1个。

调 料 葱末、姜末各50克, 精盐、味精、花椒盐各适量, 料酒1大匙, 水淀粉100克, 植物油1000克(约耗100克)。

制作步骤 Method

1 猪里脊肉洗净, 切成大薄片, 加入精盐、味精、料酒腌10分钟; 鱼肉蓉、猪肥肉蓉放入碗中, 加入葱末、姜末、鸡蛋清拌匀成馅料。

2 里脊肉片放上馅料, 卷起成里脊卷生坯, 再挂匀水淀粉, 下入五成热的油锅中炸熟, 捞出沥油, 摆入盘内, 撒上花椒盐即可。

脆炸里脊卷

30分钟

咸香脆嫩

原 料 猪里脊肉300克, 鸡蛋1个, 面粉25克。

调 料 精盐、味精各少许, 葱姜汁、料酒、花椒盐各2小匙, 水淀粉5大匙, 植物油适量。

制作步骤 Method

1 猪里脊肉洗净, 切成长条, 再放入碗中, 加入葱姜汁、精盐、味精、料酒腌渍入味。

2 鸡蛋磕入碗中, 加入水淀粉、面粉、适量清水搅匀成蛋糊。

3 锅中加油烧至六成热, 将猪肉裹匀蛋糊, 下入油中炸至浅黄色, 捞出沥油。

4 待油温升至七成热时, 再下入锅中复炸一次, 捞出装盘, 跟花椒盐上桌蘸食即可。

干炸里脊

20分钟

酥香鲜嫩

鲜鱿芋头饼

原料 鲜鱿鱼2条, 芋头100克, 鸡蛋2个。

调料 小葱末30克, 精盐1小匙, 酱油2小匙, 蘸汁 (柠檬汁、番茄酱、青尖椒粒、红尖椒粒、葱末、洋葱粒各适量) 1小碟, 植物油2大匙。

制作步骤 Method

1 鲜鱿鱼洗涤整理干净, 切成细丝; 芋头去皮, 洗净, 入锅蒸透, 取出晾凉, 搅打成泥。

2 放入容器中, 加入鸡蛋液、鱿鱼丝、小葱末、精盐、酱油拌匀调味, 制成小饼状。

3 平锅置火上, 加入植物油烧热, 放入芋头饼, 用中火煎至熟透, 出锅装盘, 随带蘸汁上桌即可。

25分钟
鲜香软嫩

干炸赤鳞鱼

原料 赤鳞鱼10条, 面粉75克。

调料 花椒15粒, 花椒盐1小匙, 精盐1/2小匙, 葱姜酒汁4小匙, 植物油750克 (约耗75克)。

制作步骤 Method

1 将赤鳞鱼去鳃、去鳞, 剖腹去内脏, 冲洗干净, 放入容器中。

2 加入花椒、精盐、葱姜酒汁拌匀, 腌渍10分钟, 取出沥干, 裹匀面粉。

3 锅置火上, 加入植物油烧至七成热, 放入赤鳞鱼, 转小火炸至淡黄色, 捞出沥油, 装入盘中, 随带花椒盐上桌蘸食即可。

25分钟
香酥鲜软

30分钟
酥脆鲜咸

炸青椒盒

原料 猪五花肉250克, 青椒150克, 面粉100克, 鸡蛋黄2个。

调料 葱末、姜末各少许, 精盐、五香粉、味精各1/3小匙, 淀粉、花椒盐各适量, 酱油1大匙, 植物油1000克。

制作步骤 Method

1 青椒洗净, 去蒂及籽, 切成大小均匀的三角块; 鸡蛋黄放入碗中, 加入面粉、淀粉及适量清水调成蛋黄糊。

2 猪五花肉剔去筋膜, 洗净, 沥净水分, 剁成细蓉, 放入碗中, 先加入精盐、酱油调拌均匀至上劲, 再加入葱末、姜末、五香粉、味精和鸡蛋清调匀成馅料。

3 取青椒一块, 抹上少许淀粉, 再放上少许肉馅, 上面盖上一块青椒, 粘匀一层面粉, 即成青椒盒生坯。

4 锅中加入植物油烧至六成热, 把青椒盒挂匀蛋黄糊, 逐个放入油锅内炸至定型、呈金黄色时, 捞出沥油, 装入盘中, 随带花椒盐上桌即可。

培根芦笋卷

TIPS

牡蛎中所含丰富的牛黄酸，有明显的保肝利胆作用，这也是防治孕期肝内胆汁淤积症的良药。

原料 芦笋500克，培根5片。

调料 精盐、黑胡椒粉各1/2小匙，白兰地酒1大匙，奶酪粉少许，橄榄油适量。

制作步骤 Method

1 芦笋去根、去外皮，洗净，放入沸盐水中焯烫一下，捞入清水中过凉，捞出沥干。

2 培根片铺在案板上，在1/5处放上3根芦笋，卷起成卷，逐片卷好。

3 锅中加入橄榄油烧热，放入培根芦笋卷，用中火煎1分钟，撒入黑胡椒粉，烹入白兰地酒，翻面再煎1分钟，出锅装盘，撒上奶酪粉即可。

15分钟
咸香鲜嫩

煎泡蛋汤

10分钟 鲜香软嫩

原料 鸡蛋4个。

调料 葱丝5克, 精盐、胡椒粉各1小匙, 味精1/2小匙, 植物油2大匙。

制作步骤 Method

1 将鸡蛋磕入碗中, 搅打均匀成鸡蛋液。

2 炒锅置火上, 加入植物油烧热, 倒入鸡蛋液煎至定型并起泡, 添入适量开水烧沸。

3 再加入精盐、味精、胡椒粉煮至入味, 起锅盛入大汤碗, 撒上葱丝即成。

酥炸排骨

25分钟 软嫩适口

原料 猪里脊肉450克。

调料 蒜末、姜末各20克, 五香粉、小苏打各1小匙, 白糖、淀粉、酱油、料酒各1大匙, 植物油2000克(约耗60克)。

制作步骤 Method

1 碗中加入蒜末、姜末、五香粉、小苏打、白糖、酱油、料酒调匀成腌料。

2 猪里脊肉洗净, 切成1厘米厚的片, 用刀背拍松, 加入腌料拌匀, 腌15分钟, 再裹匀淀粉。

3 锅中加入植物油烧至六成热, 放入里脊肉排炸至呈金黄色时, 捞出沥油, 装盘上桌即可。

芝麻里脊

原料 猪里脊肉片300克, 白芝麻50克, 鸡蛋清1个。

调料 精盐1小匙, 味精1/2小匙, 料酒2小匙, 淀粉2大匙, 植物油500克(约耗75克)。

制作步骤 Method

1 猪里脊片两面均匀地剞上十字花刀, 再切成4厘米长、2厘米宽的条, 放入大碗中, 加入精盐、味精、料酒拌匀, 腌渍入味。

2 鸡蛋清放入碗中, 加入淀粉和少许清水, 搅拌均匀成浓糊。

3 锅中加油烧热, 将里脊肉条裹匀鸡蛋清浓糊, 粘匀白芝麻, 入锅炸至熟透, 捞出沥油, 待油温升至八成热时, 再入锅复炸至深红色, 捞出沥油, 装盘上桌即可。

15分钟
酥脆浓香

25分钟
咸香软嫩

红松羊肉

原料 羊肉馅400克, 蛋皮5张, 松子仁20克, 鸡蛋1个。

调料 葱末、姜末、蒜片、淀粉、精盐、味精、香油、酱油、水淀粉、老汤、植物油各适量。

制作步骤 Method

1 羊肉馅放入碗中, 加入鸡蛋液、松子仁、精盐、淀粉拌匀成肉馅。

2 蛋皮铺在案板上, 抹上水淀粉, 放上羊肉馅摊平, 卷起成蛋卷, 再切成斜刀块; 锅中加油烧热, 下入羊肉卷块炸至熟透, 捞出沥油。

3 锅留底油烧热, 下入葱末、姜末、蒜片爆香, 再加入老汤、酱油, 放入羊肉卷块略烧, 然后加入味精, 盛出码盘, 锅中汤汁用水淀粉勾薄芡, 淋入香油, 起锅浇在羊肉卷上即可。

原 料 牛外脊肉300克，洋葱片、胡萝卜丁各50克，鸡蛋液40克，面包糠、面粉各适量。

调 料 精盐、味精、白糖、料酒、胡椒粉、白醋、橙汁各少许，淀粉适量，植物油250克。

制作步骤 Method

1 牛外脊肉洗净，片成大片，两面剞上浅十字花刀，加入少许精盐、料酒、味精、胡椒粉拌匀，再粘上面粉，挂匀鸡蛋液，裹上面包糠压实。

2 锅中加入植物油烧至四成热，下入牛肉片煎至两面金黄色，倒入漏勺沥油，再切成1厘米宽的条，整齐地码放在盘内。

3 锅留底油烧热，下入洋葱片、胡萝卜丁煸炒一下，烹入白醋，加入白糖、橙汁、精盐、清水烧沸，勾浓芡，浇在牛排上即可。

干煎牛排

30分钟

咸鲜酸甜

30分钟
鲜咸酥香

腐衣银菜卷

TIPS

　　绿豆芽有很高的药用价值，中医认为，绿豆芽性凉味甘，不仅能清暑热、通经脉、解诸毒，还能补肾、利尿、消肿、滋阴壮阳、调五脏、美肌肤、利湿热，还能降血脂和软化血管。

【原　料】 绿豆芽200克，胡萝卜丝150克，香菜100克，面包糠、鸡蛋各50克，豆腐皮3张。

【调　料】 精盐、鸡精、白糖、胡椒粉、淀粉、香油、花椒盐、植物油各适量。

制作步骤 Method

1 绿豆芽、胡萝卜丝、香菜放入碗中，加入精盐、鸡精、白糖、胡椒粉、香油调匀，再用豆腐皮包卷成圆柱形，拍匀淀粉、拖上蛋液、蘸匀面包糠。

2 锅中加油烧热，下入豆腐皮包卷，炸至金黄色时，捞出，放入盘中即可。

塔塔酥香鱼排

原 料 鳕鱼肉500克,香菜末15克,芹菜粒、胡萝卜粒、彩椒粒、洋葱粒各少许,鸡蛋清1个。

调 料 精盐、胡椒粉、面粉、面包糠、柠檬汁、沙拉酱各少许,植物油适量。

制作步骤 Method

1 鳕鱼肉洗净,切成长条块,加入精盐、胡椒粉、面粉、柠檬汁、鸡蛋清腌10分钟。

2 各种蔬菜粒入锅焯烫一下,捞出沥水;面包糠中加入一半香菜末拌匀。

3 锅中加油烧至四成热,将鱼排粘匀面包糠,入锅炸熟,捞出装盘,搭配用沙拉酱、蔬菜粒、香菜末调成的塔塔酱食用即可。

25分钟
鲜嫩酥香

原 料 鸭舌400克,熟芝麻少许。

调 料 葱末、姜末各25克,花椒、八角、香叶各适量,精盐1/2小匙,味精1小匙,淀粉3大匙,植物油500克。

制作步骤 Method

1 鸭舌洗涤整理干净,放入沸水中焯烫,捞出;葱末、姜末放入油锅中爆香,加入清水、精盐、味精、花椒、八角、香叶烧沸。

2 再放入鸭舌烧煮10分钟,关火后焖20分钟,捞出沥干,拍匀淀粉,然后炸至金黄色,捞出沥油,码入盘中,撒上熟芝麻即可。

脆香鸭舌

45分钟
鲜嫩酥香

169

萝卜肉

原料 猪里脊肉片、面包末各200克, 猪肥瘦肉泥100克, 火腿30克, 鸡蛋2个, 香菜心12个。

调料 葱末、姜末、味精、胡椒粉各少许, 精盐1小匙, 料酒1大匙, 植物油500克(约耗50克)。

制作步骤 Method

1 将鸡蛋的蛋黄与蛋清剥离, 分装在不同的碗中, 再将蛋黄打成蛋黄液。

2 肥瘦肉泥加入葱末、姜末、鸡蛋清、料酒、精盐、胡椒粉、味精搅匀成馅; 火腿切成12根粗丝。

3 将猪里脊肉片卷上肉泥, 卷成12个卷, 外边抹一层蛋黄液, 再滚上一层面包末, 在一头中间插1根火腿丝, 下入热油锅内炸熟, 捞出后拔下火腿丝, 插上香菜心装饰即可。

2 小时
鲜甜酥脆

铁扒牛肉

原料 牛肉片750克, 洋葱粒、鸡蛋各100克, 小苏打少许。

调料 精盐、味精、白糖、胡椒粉、料酒、淀粉、水淀粉、茄汁、香油、植物油各适量, 上汤400克。

制作步骤 Method

1 将牛肉片加入小苏打、淀粉和清水、植物油拌匀, 腌制30分钟。

2 将腌过的牛肉剁碎, 加入鸡蛋、淀粉拌匀, 分成12份, 再压成饼形, 拍匀淀粉, 放入热油锅炸熟, 捞出沥油。

3 锅中留底油烧热, 先下入洋葱炒香, 再加入料酒、上汤、茄汁、白糖、味精、精盐、香油、胡椒粉, 然后放入牛肉饼焖透, 用水淀粉勾芡即可。

35 分钟
咸鲜酥香

45分钟
酥香鲜咸

软炸羊肉

原料 羊后腿肉500克, 鸡蛋2个。

调料 葱段、姜片各10克, 八角2粒, 精盐、味精、鸡精各1/2小匙, 花椒盐2大匙, 料酒1小匙, 淀粉70克, 植物油750克。

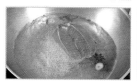 

制作步骤 Method

1 鸡蛋磕入碗中, 加入淀粉及少许植物油搅匀成软炸糊; 羊后腿肉剔去筋膜, 放入清水中浸泡并洗净, 取出沥水。

2 锅中加入清水、葱段、姜片、八角、花椒煮沸, 放入羊后腿肉, 转小火煮至近熟。

3 捞出沥水, 晾凉, 切成长条, 放入大碗中, 加入精盐、味精、鸡精、料酒腌渍入味, 放入软炸糊中挂匀糊。

4 净锅置火上, 加入植物油烧至五成热, 下入挂匀糊的羊腿肉条, 用中火炸熟。

5 再转旺火炸至呈浅黄色时, 捞出沥油, 切成小块, 然后放入高温油锅内冲炸一下, 捞出沥油, 码放在盘内, 随带花椒盐一起上桌蘸食即可。

酥炸鸡包

TIPS

在烹饪过程中，油温的估量尤为重要，过热或过温都无法将菜品制作到理想口味。

原 料 面粉500克，鸡蛋1个。

调 料 食用明矾25克，食碱粉10克，精盐5小匙，花生油1500克（实耗约200克）。

制作步骤 Method

1 食碱粉、明矾、精盐研细后，用500克水溶化，再加入面粉和成面团，每隔10分钟揉1遍，共揉3遍，取出放在案板上，用湿布盖好，饧约1小时。

2 取一块面剂，四角拉长成长方形，下入油锅内，用长竹筷翻动，待其鼓起呈大气泡状，挑出放在案板上，再用小刀从边缘一侧划开小口，磕入鸡蛋，捏严口，再放入油锅内，不断翻个儿，至鸡蛋熟时即成。

30分钟

鲜嫩酥香

25小时
鲜咸酥嫩

手撕牛肉

原料 牛肉300克, 山楂100克。

调料 桂皮、大料、花椒、香叶、陈皮、良姜、肉蔻、草果、葱段、姜片各10克, 酱汁1匙。

制作步骤 Method

1 牛肉切大块, 放入碗内, 再放入山楂、桂皮、大料、花椒、香叶、陈皮、良姜、肉蔻、草果、酱油、料酒, 放入冰箱冻24小时。

2 牛肉下入沸水锅焯烫, 捞出, 酱汁、葱段、姜片、清水、牛肉下入高压锅喷气后小火压14分钟, 捞出晾凉, 切成小条, 再下入油锅炸至外表焦脆即可。

煎土豆饼

15分钟
鲜咸酥香

原料 土豆300克, 鸡蛋2个。

调料 淀粉2大匙, 细葱丝、蒜汁、精盐、味精、植物油各适量。

制作步骤 Method

1 将土豆洗净, 切成细丝, 放入盆中, 加入鸡蛋、精盐、味精、细葱丝、淀粉拌匀。

2 锅中加入植物油烧热, 倒入土豆煎成圆饼, 再煎熟至两面呈金黄色, 取出切成块, 装盘, 蘸蒜汁食用即可。

面包桃鸽蛋

原料 熟鸽蛋10个,鸡胸肉150克,面包100克,油菜叶、熟火腿粒各25克,鸡蛋清2个。

调料 精盐1小匙,味精少许,花椒盐4小匙,植物油1000克(约耗75克)。

制作步骤 Method

1 将熟鸽蛋剥去外壳,切成两半;面包改刀切成片;油菜叶洗净,沥去水分,切成碎末。

2 鸡胸肉洗净,沥去水分,剁成鸡肉泥,加入鸡蛋清、精盐、味精调拌均匀成鸡肉蓉,将鸡肉蓉抹在面包片上,鸽蛋盖在鸡肉蓉上,再撒上火腿粒、油菜叶末。

3 锅置火上,加入植物油烧至五成热,下入桃形鸽蛋生坯炸至熟透,捞出沥油,装入盘中,随带花椒盐上桌蘸食即可。

30分钟
咸鲜嫩滑

蒜香鹅翅

原料 鹅中翅300克,西芹块、洋葱块、青椒块、红椒块各少许,鸡蛋黄2个,白芝麻10克。

调料 葱段、姜片、蒜粉、精盐、味精、鸡精、吉士粉、料酒、蒜汁水、淀粉、植物油各适量。

制作步骤 Method

1 鹅中翅洗净,加入精盐、料酒、姜片、葱段调匀,再放入西芹块、洋葱块、青椒块、红椒块拌匀,腌约2小时至入味,取出洗净。

2 用竹扦在鹅中翅上戳若干小洞,再加入蒜粉、蒜汁水、味精、鸡精、吉士粉、淀粉、鸡蛋黄、白芝麻码味上浆。

3 锅中加油烧热,下入鹅中翅炸至刚熟,捞出,待锅内油温升至七成热时,再放入鹅中翅炸至金黄色,捞出沥油,装盘上桌即成。

3小时
酥脆浓香

原 料 鸡蛋4个, 苦瓜150克, 香葱15克。

调 料 精盐1小匙, 味精1/2小匙, 胡椒粉1/3小匙, 植物油3大匙。

制作步骤 Method

1 鸡蛋磕入碗中, 加入精盐、胡椒粉打散成鸡蛋液; 香葱去根和老叶, 洗净, 切成碎粒。

2 苦瓜洗净, 一切两半, 去掉瓜瓤, 切成小薄片, 再放入加有少许精盐、植物油的沸水锅中焯烫一下。

3 迅速捞入冷水盆内浸泡至凉, 捞出, 沥去水分, 然后放入盛有鸡蛋液的碗中, 加入香葱粒搅拌均匀。

4 锅置火上, 加入植物油烧至六成热, 倒入苦瓜鸡蛋液, 用小火煎至底部凝固时。

5 淋上少许植物油, 再轻轻翻面煎至呈金黄色、熟透成蛋饼时, 取出沥油, 切成菱形小块, 码放在盘内即可。

苦瓜煎蛋

15分钟
咸鲜微苦

30分钟
咸鲜酥脆

椒雪肉片

TIPS

猪肉要斜切，猪肉的肉质比较细、筋少，如横切，炒熟后变得凌乱散碎，如斜切，既可使其不破碎，吃起来又不塞牙；猪肉不宜长时间泡水。

原 料 猪里脊肉400克, 芝麻100克, 鸡蛋清60克, 红椒末适量, 雪菜叶、面粉各50克。

调 料 葱末、精盐、味精、葱姜汁、料酒、白糖、水淀粉、植物油各适量。

制作步骤 Method

1 猪脊肉洗净，切成片，放入碗中，加入料酒、葱姜汁、精盐、白糖、葱末、红椒末卤制30分钟。

2 取出后裹匀面粉，再沾匀蛋清、水淀粉和芝麻，下入热油锅炸脆，捞出装盘。

3 雪菜叶洗净，切成小条，放入热油中炸脆，出锅放入里脊肉盘中围边即成。

原 料 蛎黄500克, 面粉150克。

调 料 精盐1/2小匙, 花椒盐1小碟, 植物油750克 (约耗75克)。

软炸蛎黄

制作步骤 Method

1 将蛎黄去除杂质, 用清水洗净, 捞出沥干, 放入容器中, 加入精盐拌匀后稍腌, 再裹匀面粉。

2 锅置火上, 加入植物油烧至五成热, 放入蛎黄炸约1分钟、呈淡黄色时, 捞出。

3 待油温升至八成热时, 再放入蛎黄稍炸, 捞出沥油, 装入盘中, 随带花椒盐上桌蘸食即可。

15分钟
鲜香酥嫩

原 料 墨鱼肉300克, 鸡蛋清1个。

调 料 精盐、味精、胡椒粉各少许, 淀粉、花椒盐各适量, 料酒1大匙, 植物油1000克(约耗50克)。

制作步骤 Method

1 将墨鱼肉洗净, 先剞上斜交叉花刀, 再切成长方条。

2 放入盆中, 加入精盐、味精、胡椒粉、料酒、鸡蛋清、淀粉拌匀后稍腌。

3 锅置火上, 加入植物油烧至七成热, 放入墨鱼条炸透, 待墨鱼条卷起、呈浅黄色时, 捞出沥油, 装入盘中, 撒上花椒盐即可。

椒盐墨鱼卷

20分钟
鲜嫩酥香

香煎带鱼

原 料 带鱼1条。

调 料 鲜姜1块, 精盐1小匙, 植物油3大匙。

制作步骤 Method

1 带鱼去头、去尾, 除去内脏, 洗净, 先在鱼身两侧剞上一字花刀, 再剁成段, 加入精盐腌一下; 姜块去皮, 洗净, 切成片。

2 锅置火上, 加入植物油烧至五成热, 先下入姜片爆香。

3 再放入带鱼段煎至两面金黄色, 取出沥油, 装盘上桌即可。

15分钟
鲜香酥嫩

莲藕香虾饼

原 料 虾肉蓉200克, 莲藕片150克, 猪肉末50克。

调 料 精盐、鸡精、胡椒粉、香油各1/2小匙, 淀粉1小匙, 蘸料 (香菜末、葱末、姜末、生抽、香醋各少许) 1小碟, 植物油2大匙。

制作步骤 Method

1 将莲藕片放入清水锅中煮熟, 捞出过凉; 虾肉蓉加入猪肉末、精盐、鸡精、胡椒粉、香油搅匀成馅。

2 取藕片抹上淀粉, 放上虾肉馅, 再放上一片藕片, 放入热油锅中煎至上色。

3 然后撒入胡椒粉、少许清水煎焖1分钟, 出锅装盘, 随带蘸料上桌即可。

15分钟
鲜香脆嫩

20分钟
咸鲜清香

香煎大虾

原料 大虾300克, 菠菜100克。

调料 葱白、姜块各少许, 精盐、料酒各1/2小匙, 味精、胡椒粉1小匙, 植物油适量。

制作步骤 Method

1 菠菜去根和茎, 取嫩菠菜叶洗净, 沥去水分, 切成细丝; 葱白洗净, 切成小段; 姜块去皮, 洗净, 切成片。

2 大虾去虾足和虾须, 洗净, 沥水, 在背部开一刀, 去除沙线, 再用洁布揾干大虾表面水分, 放入碗中, 加入精盐、料酒、味精、胡椒粉调拌均匀, 腌渍15分钟。

3 锅置火上, 加入植物油烧至九成热, 倒入菠菜丝炸至酥脆, 捞出沥油, 放在盘中垫底。

4 锅留底油烧热, 先下入葱段、姜片煸炒出香味, 捞出不用, 放入大虾煎约3分钟, 翻面后再煎2分钟至色泽金红, 捞出, 放在炸好的菠菜丝上即可。

炸素鸡排

山药具有营养滋补、诱生搅扰素、增强机体免疫力、调度内排泄、补气通脉、镇咳祛痰、平喘等感化，能改善冠状动脉及微轮回血流，可治疗慢性气管炎、冠芥蒂、心绞痛等。

原料 熟山药泥400克，鸡蛋清、豆腐皮各50克，冬菇丁、冬笋丁、茄把、馒头末各25克，香菜15克。

调料 葱椒泥20克，葱白15克，味精少许，精盐1小匙，甜面酱、淀粉各3大匙，植物油150克。

制作步骤 Method

1 熟山药泥加入冬菇丁、冬笋丁、葱椒泥、味精、精盐、鸡蛋清调匀；豆腐皮切片，放上山药泥，再覆盖一张豆腐片，插入茄把成"鸡排"。

2 鸡蛋清中加入淀粉、精盐调成糊，放入鸡排粘匀，再裹匀馒头末，放入热油锅中炸至金黄色，装盘，带葱白、甜面酱上桌即可。

45分钟
鲜香脆嫩

香酥猴头菇

15分钟
酥脆清香

：原 料 猴头菇300克, 红椒末30克, 蛋清1个。

：调 料 葱花、姜片、蒜末各适量, 精盐1小匙, 胡椒粉、味精各2小匙, 淀粉5大匙, 植物油100克。

制作步骤 Method

1 鲜猴头菇去蒂、洗净, 切成小块, 再放入沸水锅中, 加入葱花、姜片煮5分钟, 捞出沥干。

2 锅中加油烧至六成热, 将猴头菇裹匀淀粉、蛋清调匀的蛋糊, 下锅炸至金黄色, 捞出沥油。

3 净锅上火, 加少许底油, 先下入葱花、蒜末、红椒末炒香, 再放入炸好的猴头菇, 加入精盐、味精、胡椒粉炒匀, 即可装盘。

干煎黄花鱼

25分钟
鲜香软嫩

：原 料 黄花鱼500克, 鸡蛋1个, 香菜段少许。

：调 料 葱花、姜丝各5克, 精盐、味精、白醋各1/2小匙, 白糖、胡椒粉、面粉各少许, 料酒1大匙, 植物油250克(约耗75克)。

制作步骤 Method

1 黄花鱼洗涤整理干净, 剞上花刀, 加入精盐、味精、胡椒粉、料酒腌渍, 再粘匀面粉, 挂匀鸡蛋液, 入锅煎至两面金黄色, 捞出沥油。

2 锅留底油, 下入葱花、姜末, 加入调料、清水烧沸, 放入黄花鱼煎至收汁, 撒香菜段即可。

酥香菠菜

原 料 菠菜250克, 鸡蛋2个。

调 料 精盐1小匙, 味精1/2小匙, 淀粉、白糖各1大匙, 面粉3大匙, 白醋、番茄酱、植物油各适量。

制作步骤 Method

1 菠菜洗净, 加入精盐调匀; 鸡蛋磕入碗中加入淀粉、面粉、清水、精盐、味精、植物油调成浓糊。

2 锅中加油烧热, 加入番茄酱煸炒片刻, 再加入白醋、少许精盐、白糖和清水炒浓稠成味汁。

3 锅复置火上烧热, 加入植物油烧至六成热, 将菠菜下半部挂上全蛋糊, 放入锅内炸至色泽金黄, 装入盘中, 随带酸甜味汁上桌即可。

20分钟
酥香鲜咸

炸萝卜丸子

原 料 白萝卜250克, 鸡蛋1个。

调 料 葱末、姜末、胡椒粉各少许, 精盐1/2小匙, 味精1/3小匙, 酱油1/2大匙, 淀粉适量, 花椒盐1大匙, 植物油1000克(约耗75克)。

制作步骤 Method

1 白萝卜洗净, 去皮, 先用礤板擦成细丝, 再用刀剁碎, 然后加入酱油、精盐、味精、胡椒粉、鸡蛋液、葱末、姜末、水淀粉拌匀。

2 锅中加入植物油烧至六成热, 将萝卜馅挤成蛋黄大小的丸子, 入锅炸至呈浅黄色时。

3 捞出沥油, 装入盘中, 随带花椒盐上桌蘸食即可。

15分钟
外酥里嫩

原　料 鸡翅中600克, 鸡蛋2个。

调　料 精盐、小苏打各少许, 淀粉3大匙, 面粉2大匙, 白醋1小匙, 料酒、熟猪油各1大匙, 卤水1500克, 植物油1000克(约耗50克)。

制作步骤 Method

1 鸡蛋搅匀, 加入精盐、白醋和小苏打调匀, 再加入面粉、淀粉和熟猪油调匀成脆皮糊。

2 鸡翅中去净绒毛, 洗净, 沥去水分, 加入料酒调拌均匀, 放入沸水锅中焯烫2分钟, 捞出沥干水分。

3 锅中加入卤水和清水烧沸, 撇去浮沫, 放入鸡翅中。

4 用小火煮约20分钟至熟, 离火浸泡在原汁内入味。

5 捞出沥净水分, 放入脆皮糊内调拌均匀, 挂匀脆皮糊锅中加入植物油烧至七成热, 逐个下入鸡翅中。

6 炸至呈金黄色时, 捞出沥油, 码放在盘内即可。

香酥鸡翅

40分钟
脆嫩鲜香

30分钟
★ 香甜酥软

拔丝薯球

（TIPS）

　　土豆含有大量碳水化合物，同时含有蛋白质、矿物质（磷、钙等）、维生素等。可以做主食，也可以作为蔬菜食用，质、矿物质（磷、钙等）、维生素等。可以做主食，也可以作为蔬菜食用。

原　料　土豆泥300克，面粉75克，熟黑芝麻30克。

调　料　白糖125克，植物油800克。

制作步骤 Method

1 熟黑芝麻、白糖25克、面粉放入大碗内拌匀成馅料。

2 将土豆泥揪成小剂子，按扁后包入芝麻糖馅，封口捏严，团成小圆球，放入热油锅中炸至金黄色，捞出沥油。

3 另锅加入白糖、清水炒至金黄色、刚要冒小泡时，放入土豆球翻匀，出锅装盘即成。

原 料 活鲫鱼500克。

调 料 姜片、葱段各10克，精盐1小匙，花椒盐2小匙，味精1/2小匙，料酒1大匙，植物油1000克（约耗50克）。

制作步骤 Method

1 将活鲫鱼宰杀，去掉鱼鳞、鱼鳃，剖腹去内脏，洗净，擦净水分，剞上一字花刀。

2 放入容器内，加入味精、精盐、姜片、葱段、料酒腌渍入味，再用竹扦穿好。

3 锅置火上，加入植物油烧至六成热，下入腌好的鲫鱼串炸至外酥内熟时，捞出沥油，放入盘中，撒上花椒盐即可。

椒盐鲫鱼串

35分钟

咸香酥脆

原 料 牛仔骨250克，青椒、红椒各15克。

调 料 蒜泥、黑胡椒碎各少许，精盐1/2小匙，罐装烧汁1大匙，植物油2大匙。

制作步骤 Method

1 将牛仔骨洗净，沥干水分，加入蒜泥，黑胡椒碎、精盐拌匀，腌渍30分钟；青椒、红椒去蒂、去籽，洗净，切成碎粒。

2 平底锅置火上，加入植物油烧热，放入牛仔骨煎至两面呈金黄色、熟嫩时，取出沥油。

3 码放入盘中，撒上青椒粒、红椒粒，再浇入适量烧汁，即可上桌食用。

香煎牛仔骨

45分钟

咸香微辣

香酥肉排

60分钟
咸鲜酥香

原料 仔猪肋排600克, 鸡蛋2个, 白菜叶80克。

调料 姜片、葱段、面包粉、精盐、味精、白糖、香料粉、酱油、米醋、料酒、香油、植物油各适量。

制作步骤 Method

1 白菜叶洗净, 切丝, 加入精盐、白糖、米醋、香油、味精拌匀; 鸡蛋磕入碗中搅成蛋液。

2 仔猪肋排洗净, 剁成段, 入锅略焯, 捞出, 加入酱油、精盐、葱段、姜片、香料粉、料酒腌至入味, 入蒸锅蒸熟, 取出晾凉。

3 再拖上蛋液, 裹匀面包粉, 入热油锅中炸至深黄色, 捞出装盘, 带白菜丝上桌即成。

金钱红薯球

25分钟
香软甜鲜

原料 刀削红薯球500克, 净苹果250克, 山楂糕片、面粉各50克, 红樱桃12个, 鸡蛋黄2个。

调料 白糖200克, 植物油750克。

制作步骤 Method

1 苹果横切成合页片; 山楂糕片夹入苹果片内制成金钱形; 鸡蛋黄、面粉、少许清水调匀成蛋糊。

2 锅中加油烧热, 分别放入挂匀蛋黄糊的金钱和红薯球炸至金黄色, 捞出撒上白糖压平, 出锅装盘, 四周摆放上金钱苹果, 点缀上樱桃即可。

Part ⑥
滋补焖炖菜

新编大众菜

黄焖大虾

原 料 净大虾350克,鸡蛋2个,熟冬笋片、水发冬菇、胡萝卜片各50克。

调 料 姜片、蒜片、葱段各2匙,精盐、味精、胡椒面各少许,干淀粉各3大匙,水淀粉4小匙,酱油1大匙,料酒2小匙,植物油8小匙(耗100克)。

制作步骤 Method

1 大虾切成两段,加入料酒、精盐、胡椒面腌渍;蛋液加入干淀粉调成糊,放入虾拌匀。

2 锅中加油,放入姜、蒜、葱煸炒,加入冬笋、冬菇、大虾、酱油、精盐、味精烧开,再转小火焖至入味,勾芡,出锅装盘,胡萝卜片镶在盘边即成。

TIPS

现代医学研究证实,虾的营养价值极高,能增强人体的免疫力和性功能,补肾壮阳,抗早衰。常吃鲜虾(炒、烧、炖皆可),温酒送服,可医治肾虚阳痿、畏寒、体倦、腰膝酸痛等病症。

30分钟
鲜咸味浓

 红烧鲫鱼

30分钟
★酥香软嫩★

■原 料 鲫鱼250克, 猪肉末50克。

■调 料 葱末5克, 姜末、蒜末各10克, 味精少许, 白糖、料酒各1小匙, 豆瓣酱1大匙, 酱油、米醋各2小匙, 植物油3大匙。

制作步骤 Method

1 鲫鱼洗涤整理干净, 在鱼身两侧各剞几刀, 再放入热油中煎至两面呈金黄色, 取出沥油。

2 锅中加底油烧热, 先下入肉末、豆瓣酱、姜末、蒜末炒香。

3 再放入鲫鱼、料酒、酱油、白糖、清水烧炖, 加入味精、米醋调匀, 出锅装盘, 撒上葱末即可。

豆瓣南瓜

30分钟
鲜咸软嫩

■原 料 南瓜600克。

■调 料 葱花5克, 酱油、味精各1小匙, 白糖1/2小匙, 水淀粉2小匙, 鲜汤300克, 豆瓣酱、植物油各75克。

制作步骤 Method

1 将南瓜去皮、去瓤, 洗净, 切成菱形块。

2 锅中加油烧热, 先放入豆瓣酱炒出香味, 再添入鲜汤, 加入南瓜块烧煮。

3 然后放入酱油、白糖、味精, 用大火烧约20分钟, 再用水淀粉勾芡, 即可出锅装盘。

芸豆焖肉片

原料 芸豆400克，猪五花肉100克。

调料 八角1个，精盐、味精各少许，料酒1小匙，葱丝、姜丝、酱油、甜面酱、植物油各适量。

制作步骤 Method

1 芸豆掐去两端，撕去豆筋，放入淡盐水中浸泡并洗净，捞出沥水，切成段，再加入少许精盐拌匀。

2 猪五花肉剔去筋膜，洗净，擦净水分，片成片，放入碗中，加入少许酱油、料酒拌匀。

3 锅中加油烧热，下入葱丝、姜丝、八角炒香，再放入猪肉片炒至变色，加入甜面酱，用小火不断翻炒出香味，然后加入酱油、料酒和少许清水烧沸，再放入芸豆段，转小火焖至熟烂，加入精盐、味精翻炒均匀，出锅装碗即可。

30分钟
香软咸鲜

古香茄子

原料 茄子500克，猪肉馅200克，净青豆30克。

调料 姜末5克，精盐、味精各1/2小匙，辣酱1大匙，十三香少许，淀粉100克，水淀粉适量，鸡汤200克，植物油750克（约耗60克）。

制作步骤 Method

1 茄子去蒂，洗净，切成段，在中间挖出一个小洞；鸡蛋打散成鸡蛋液。

2 猪肉馅加入精盐、十三香、姜末、少许淀粉拌匀成馅料，馅料酿入茄段中，再将青豆放在肉馅中间，然后拍匀淀粉成生坯；锅中加油烧热，放入茄子段冲炸一下，捞出沥油。

3 另起锅，加入鸡汤、辣酱、味精及茄段烧沸，焖炖至茄段熟烂入味，盛入盘中，锅内汤汁勾浓芡，起锅浇在茄段上即可。

30分钟
软香甜鲜

:原 料: 山药400克, 香肠、金华火腿、冬笋各50克, 蒜苗少许。

:调 料: 葱段、姜片各5克, 精盐1小匙, 味精、鸡精各1/2小匙, 胡椒粉1小匙, 料酒2小匙, 鲜汤750克, 熟猪油100克。

制作步骤 Method

1 冬笋洗净, 切成小块, 放入沸水锅中焯烫一下, 捞出, 沥净水分; 蒜苗择洗干净, 切成碎粒。

2 香肠、火腿放入碗内, 加入少许料酒, 上屉用旺火蒸5分钟, 取出, 均切成小块。

3 山药去皮, 洗净, 放入清水盆内, 加入精盐浸泡10分钟, 捞出, 切成滚刀块, 入沸水锅内焯烫一下, 捞出, 用清水洗净。

4 锅中加入熟猪油烧至六成热, 下入葱段、姜片炒出香味。

5 添入鲜汤烧沸, 拣去葱段、姜片, 再放入山药块、冬笋块推匀。

6 加入香肠块、火腿块、精盐、胡椒粉、鸡精、料酒、味精烧沸, 转小火炖煮至熟烂入味, 撒入蒜苗粒, 即可出锅装碗。

三鲜炖山药

40分钟
清香咸鲜

20分钟
酸甜可口

番茄牛舌

（TIPS）

　　番茄含的"番茄素"，有抑制细菌的作用；番茄富含苹果酸、柠檬酸和糖类、维生素A、维生素C、维生素B₁、维生素B₂以及胡萝卜素和钙、磷、钾、镁、铁、锌、铜和碘等多种元素，还含有蛋白质、糖类、有机酸、纤维素。

［原 料］ 牛舌500克，番茄酱50克。

［调 料］ 葱花、姜片、精盐、八角各1小匙，米醋1/2小匙，白糖2小匙，水淀粉3小匙，香油4小匙，料酒5小匙。

制作步骤 Method

1 将牛舌放入沸水锅内，加入葱、姜、精盐煮熟，捞出晾凉，去掉舌上的薄膜，切成片，装盘。

2 炒锅内放香油烧热，下入姜末稍炸，烹入料酒，再加入番茄酱煸炒，加入清水调开。

3 然后将牛舌放入锅内，加入全部调料烧煨，用水淀粉勾芡，淋入明油，出锅盛盘。

原料 猪排骨750克, 木瓜500克, 人参50克。

调料 精盐1/2大匙, 味精1小匙, 鸡精1大匙。

制作步骤 Method

1 将猪排骨洗净, 剁成4厘米长的段, 再放入清水锅中烧沸, 焯烫至透, 捞出冲净, 沥干水分。

2 将木瓜洗净, 去皮及瓤, 切成大块; 人参洗净, 用温水泡软。

3 砂锅置火上, 加入适量清水, 放入猪排骨段、人参、木瓜块, 用旺火烧沸。

4 再转小火炖煮约1.5小时至熟烂, 然后加入精盐、味精、鸡精调味, 即可装碗上桌。

人参木瓜炖猪排

2 小时
鲜嫩香甜

原料 活飞蟹1只(约200克), 水发粉丝100克, 洋葱丝、红椒丝各20克。

调料 姜丝、黑胡椒汁、蚝油、鲜露、浓缩鸡汁、料酒、淀粉各少许, 清汤、植物油各适量。

制作步骤 Method

1 将飞蟹开壳去内脏, 洗净, 沥干水分, 剁成大块, 再拍匀淀粉, 放入热油锅炸透, 捞出沥油。

2 砂锅留底油烧热, 先爆香洋葱丝、姜丝、红椒丝, 再放入粉丝、飞蟹略炒, 然后加入清汤、黑胡椒汁、蚝油、鲜露、鸡汁、料酒略炖, 上桌即可。

飞蟹粉丝煲

25 分钟
滑嫩咸鲜

蓝花鱼肚

原 料 西蓝花250克，发好的鱼肚150克。

调 料 葱段、姜片各20克，精盐1小匙，味精1/2小匙，白糖、胡椒粉各少许，料酒2小匙，水淀粉1大匙，香油适量，上汤100克，植物油500克。

25分钟
清鲜咸鲜

制作步骤 Method

1 将西蓝花洗净，切成朵，放入沸水锅焯烫一下，捞出沥干；鱼肚切成"日字块"，用姜葱水滚煨后，捞出沥干。

2 锅中加油烧热，放入西蓝花、精盐、味精炒匀，再用水淀粉勾芡，码入盘中。

3 锅中留底油烧热，先添入上汤，再加入料酒、精盐、味精、白糖、鱼肚。

4 用水淀粉勾芡，撒入胡椒粉，淋入香油，出锅盛在西蓝花上即成。

梅汁蹄髈

原 料 猪蹄1只，梅酱、菠萝块各150克。

调 料 白糖250克，水淀粉1大匙，鲜汤、植物油各适量。

30分钟
鲜咸汁浓

制作步骤 Method

1 将猪蹄洗净，放入汤锅煮至八分熟，取出擦干水分，下入七成热油中炸至金黄色，捞入垫有竹网的砂锅中。

2 锅中放入200克白糖和适量清水烧沸成糖水，再倒入砂锅内，用中火炖15分钟，然后加入余下的白糖和鲜汤，用旺火收浓汤汁。

3 将猪蹄捞入盆中，锅内的原汁倒入炒锅中，再加入梅酱、菠萝块烧沸，用水淀粉勾芡，起锅浇在猪蹄上即成。

2 小时

★ 鲜咸香滑 ★

红焖牛蹄筋

原料 牛蹄筋500克, 油菜150克。

调料 葱段15克, 姜片10克, 八角2粒, 精盐、料酒、熟猪油各少许, 味精、鸡精各1小匙, 豆瓣酱2大匙, 香油、辣椒油各1大匙, 老汤适量。

制作步骤 Method

1 油菜去根, 洗净, 放入沸水锅内焯透, 捞出沥干。

2 牛蹄筋剔去余肉和杂质, 放入冷水中浸泡并洗净, 捞出。

3 锅中加入清水、少许葱段、姜片和料酒烧沸, 放入牛蹄筋, 用小火焖煮约90分钟, 捞出过凉、沥水, 切成小条。

4 锅中加油烧热, 下入葱段、姜片、八角炒香, 放入豆瓣酱、老汤烧沸, 捞出葱、姜、八角不用。

5 再放入牛蹄筋、料酒、精盐烧沸, 转小火焖炖至熟烂入味, 撇去浮沫, 然后加入味精、鸡精稍煮, 淋上辣椒油、香油, 再将油菜放入盘内垫底, 盛入牛蹄筋即可。

百花酒焖肉

TIPS

　　排骨有很高的营养价值，具有滋阴壮阳、益精补血的功效。熬汤时放上葱和一些相应的调味料，煮过后非常美味，也很有营养。

原　料 去骨肋条肉块1000克。

调　料 葱段、姜片各15克，精盐2小匙，味精1小匙，白糖、百花酒各3大匙，酱油2大匙。

制作步骤 Method

1 猪肋条肉洗净，用烤叉插入肉块中，肉皮朝下置中火上烤至皮色焦黑，离火后抽出烤叉，肉块修齐四边，切成大小均等的12个方块，在每块肉皮上剞上芦席形花刀。

2 取一砂锅，垫入竹箅，放入葱段、姜片，将肉块放入锅中，加入百花酒、白糖、精盐，置旺火上烧沸，再加入清水、酱油，盖上锅盖，转小火焖1小时至酥烂，然后转旺火收浓汤汁，拣去葱、姜，加入味精，出锅装盘即成。

90分钟

鲜软浓香

麻辣小龙虾

30分钟
麻辣香浓

▎原 料▎ 小龙虾500克, 青椒、红椒各50克。

▎调 料▎ 大蒜3瓣, 红干椒5克, 花椒6粒, 精盐、白糖、酱油、火锅料、十三香各少许, 植物油3大匙。

制作步骤 Method

1 小龙虾放入清水中静养, 使其吐净腹中污物, 捞出冲净, 再下入热油锅中略炒, 捞出沥油。

2 青椒、红椒分别洗净, 去蒂及籽, 切成小块; 干辣椒洗净、切成段; 大蒜去皮, 切去头尾。

3 爆香花椒、红干椒、大蒜, 再放入小龙虾略炒。

4 然后加入精盐、白糖、酱油、火锅料、十三香焖煮10分钟, 再捞出沥干, 即可装盘上桌。

酒香贵妃鸡翅

30分钟
软嫩香滑

▎原 料▎ 鸡翅中400克, 笋片、香菇片各60克。

▎调 料▎ 葱段、姜片、精盐、味精、白糖、老抽、冰糖、葡萄酒、料酒、淀粉、鸡汤、猪油各适量。

制作步骤 Method

1 将鸡翅中洗净, 放入沸水锅中焯水, 捞出沥干。

2 锅中加入猪油、冰糖熬至金黄, 下入鸡翅炒至上色, 再烹入料酒, 加入老抽、精盐、味精、葱段、姜片、鸡汤烧沸, 然后转小火焖约15分钟。

3 拣去葱、姜, 加入葡萄酒、白糖、香菇片、笋片烧半分钟, 用水淀粉勾芡即成。

油焖笋菇

原料 冬笋尖300克，水发冬菇200克。

调料 葱花、姜末、精盐、味精、白糖、高汤、花椒油、植物油各适量。

制作步骤 Method

1 将冬笋洗净，切成长片；冬菇洗净，去蒂，放入沸水锅中焯透，捞出沥干。

2 锅置火上，加入植物油烧热，先下入葱花、姜末、花椒煸炒出香味。

3 再加入高汤、味精、精盐、白糖、冬笋、冬菇，用小火煨焖至入味。

4 然后转大火收浓汤汁，淋入花椒油，出锅装盘即可。

25分钟
香软咸鲜

酸菜一品锅

原料 酸菜丝400克，净河蟹1只，熟五花肉片、冻豆腐条各150克，血肠片、鲜虾仁各100克，蛎黄50克，海米15克。

调料 葱段10克，精盐2小匙，味精、鸡精、胡椒粉、香油、熟猪油各适量。

制作步骤 Method

1 砂锅置火上，加入熟猪油烧热，下入葱段炒香，放入酸菜丝、鲜汤、海米、五花肉片烧沸，焖烧20分钟。

2 再放入虾仁、河蟹、冻豆腐烧沸，然后放入蛎黄、粉丝、血肠，加入精盐、味精、鸡精、胡椒粉调味，淋入香油，上桌即可。

90分钟
酸香咸鲜

原料 牛腩肉300克，胡萝卜50克，洋葱25克。

调料 蒜瓣10克，姜片5克，精盐2小匙，白糖1小匙，胡椒粉2小匙，番茄酱3大匙，植物油2大匙，啤酒半瓶。

制作步骤 Method

1 胡萝卜去根、去皮，洗净，沥去水分，切成滚刀块；洋葱剥去外皮，洗净，沥水，先切成四半，再切成小块；牛腩肉剔去筋膜，洗净，擦净表面水分，切成小块。

2 锅置火上，加入适量清水，放入牛肉块烧沸，焯烫出血水，捞出冲净。

3 锅中加油烧热，下入姜片、蒜瓣炒香，放入洋葱块炒软，再加入番茄酱、酱油、白糖炒至浓稠，倒入2/3啤酒，放入牛肉块烧沸。

4 倒入砂锅中，再放入胡萝卜块，加入精盐、胡椒粉，置中火上续炖30分钟至熟，加入剩余啤酒烧沸，上桌即可。

啤酒炖牛肉

90分钟

香软浓鲜

2.5 小时
鲜咸味浓

茶树菇老鸭煲

TIPS

在中医看来，鸭子吃的食物多为水生物，故其肉性味甘、寒，入肺胃肾经，有滋补、养胃、补肾、除痨热骨蒸、消水肿、止热痢、止咳化痰等作用。

原 料 净肥鸭半只（约1000克），干茶树菇50克，红枣25克。

调 料 葱段、姜片各15克，精盐2小匙，生抽1大匙，味精1小匙，胡椒粉少许，高汤1000克。

制作步骤 Method

1 干茶树菇泡软，焯透，切段；净肥鸭剁成块，冲净；高汤倒入不锈钢锅内，加入葱段、姜片、精盐、生抽、味精和胡椒粉，烧沸后撇去浮沫，出锅过滤成汤汁。

2 将鸭肉放入汤碗中，摆上茶树菇、红枣，倒入加工好的汤汁，盖上汤碗盖，用保鲜膜封口，放入蒸笼内，用中火蒸2小时，出锅即成。

原料 茄子500克。

调料 蒜末15克，葱花10克，味精1小匙，白糖2小匙，甜面酱1大匙，植物油4小匙，高汤75克。

制作步骤 Method

1 将茄子去蒂、去皮，洗净，撕成条块，再放入八成热油锅中炸透，捞出沥油。

2 锅留底油烧热，下入葱花、蒜末煸炒出香味，再加入甜面酱炒至酱与油融为一体。

3 然后放入茄子条炒匀，加入白糖、味精、高汤烧焖至汤汁收干，出锅装盘即成。

甜酱焖茄子

15分钟
甜香软嫩

原料 四季豆250克。

调料 葱末、姜末、蒜片、味精、白糖、甜面酱、酱油、植物油各适量。

制作步骤 Method

1 将四季豆撕去老筋，用清水洗净，沥去水分，切成两段。

2 锅中加入植物油烧至三成热，放入四季豆浸炸一下，捞出沥油。

3 锅留少许底油烧热，先下入葱末、姜末、蒜片炒出香味，再放入四季豆煸炒。

4 然后加入酱油、甜面酱、白糖及少许开水烧焖至入味，调入味精，即可出锅装碗。

酱焖四季豆

25分钟
香软鲜咸

火腿焖白菜

原料 白菜500克, 冬笋片50克, 火腿片30克, 水发木耳20克, 鸡腿菇、西红柿、洋葱末各适量。

调料 精盐、白糖、胡椒粉各1/2小匙, 牛奶3大匙, 植物油适量。

制作步骤 Method

1 白菜、西红柿分别洗净, 均切成片; 火腿片夹入白菜中; 木耳择洗干净, 撕成小朵; 鸡腿菇择洗干净。

2 锅中加入植物油烧热, 下入洋葱末炒香, 添入清水, 再放入夹好火腿片的白菜。

3 然后放入冬笋片、木耳、鸡腿菇、西红柿片烧沸, 加入牛奶、调料焖至入味, 装碗即可。

35分钟
软嫩鲜香

油焖冬瓜脯

原料 冬瓜300克, 草菇、香菇、青菜各100克。

调料 精盐、白糖、蚝油各1/2小匙, 水淀粉1大匙, 香油2小匙, 植物油2大匙。

制作步骤 Method

1 将草菇、香菇分别去蒂, 洗净, 放入沸水锅中焯烫1分钟, 捞出沥水。

2 冬瓜去皮, 洗净, 切成长方片; 青菜择洗干净, 与冬瓜片分别入锅焯烫一下, 捞出沥水。

3 锅中加油烧热, 放入草菇、香菇、冬瓜片炒匀, 加入蚝油、白糖和少许清水焖至入味。

4 用水淀粉勾芡, 淋入香油, 出锅装盘, 用焯熟的青菜围边即可。

20分钟
软嫩鲜香

15分钟
★★★ 咸鲜爽滑

肉末焖菠菜

原 料 菠菜500克，牛肉150克，粉丝50克。

调 料 葱花、姜末各5克，精盐、味精各1/2小匙，酱油1大匙，鸡汤100克，香油1小匙，植物油少许。

制作步骤 Method

1 粉丝用温水泡软，剪成长段，入沸水焯烫一下，捞出沥干。

2 牛肉剔去筋膜，洗净，切成小粒，加入少许精盐拌匀；菠菜去根和老叶，洗净，切成5厘米长的段。

3 放入加有少许植物油的沸水中焯一下，捞出过凉、沥干。

4 锅中加油烧热，下入葱花、姜末炒香，再放入牛肉粒，用中火翻炒至熟，炒干水分。

5 然后加入精盐、味精、酱油、鸡汤烧几分钟，再放入菠菜段、粉丝。

6 最后用小火焖约1分钟至熟烂入味，淋上香油，出锅装盘即可。

大虾炖白菜

TIPS

　　大白菜含多种维生素、无机盐、纤维素及一定量的碳水化合物、蛋白质、脂肪等营养成分，有"百菜之王"的美誉。

原料 白菜500克，对虾200克，香菜段30克。

调料 葱段、葱花、姜片各5克，精盐1/2小匙，胡椒粉少许，香油1小匙，植物油2大匙。

制作步骤 Method

1 大白菜去掉老帮留菜心，洗净，用刀拍切成劈柴块；锅中加入植物油烧热，下入葱花炒香，再放入白菜块煸炒至软，盛出。

2 锅中加油烧热，先下入葱段、姜片炒出香味，放入大虾两面略煎，用手勺压出虾脑，再烹入料酒，然后放入白菜块，转小火炖至菜烂虾熟，撒入胡椒粉、香菜段，淋入香油，盛入大碗中即可。

60分钟
鲜软咸香

清汤竹荪炖鸽蛋

30分钟
鲜软咸香

原料 竹荪4条，菜胆6棵，鸽蛋6个。

调料 精盐、味精、鸡精、胡椒粉、醋精各1小匙，清汤适量。

制作步骤 Method

1 竹荪放入清水中，加入醋精浸泡15分钟，捞出冲净，切成段；菜胆洗净，切成段。

2 将鸽蛋洗净，放入清水锅中烧沸，煮5分钟至熟，捞出冲凉，剥去外壳。

3 取6个炖盅，分别放入鸽蛋、菜胆段和竹荪段，添入清汤，上锅蒸炖约30分钟。

4 再加入精盐、味精、鸡精、胡椒粉调味，取出上桌即可。

羊尾骨炖酸菜

2小时
软嫩适口

原料 羊尾骨500克，酸菜丝200克。

调料 葱段20克，姜片15克，八角2粒，香叶5克，精盐、味精、鸡精各1小匙。

制作步骤 Method

1 将羊尾骨洗净，从骨节处断开，再用清水浸泡1小时，去除血水。

2 然后放入清水锅中，加入葱段、姜片、八角、香叶烧开，撇去浮沫，再转小火炖煮约40分钟，捞出葱段、姜片、八角、香叶。

3 再放入酸菜丝，加入精盐、味精、鸡精调好口味，烧开后转小火炖至入味，即可出锅装碗。

莲藕焖五花肉

[原 料] 莲藕600克,猪五花肉450克,鲜香菇10朵,红辣椒粒10克。

[调 料] 鲜姜2片,蒜片5克,八角、冰糖各1粒,精盐1/2小匙,酱油、蚝油各2大匙,植物油3大匙。

制作步骤 Method

1 猪五花肉洗净,切成长条块;莲藕去皮,洗净,切成厚片;鲜香菇去蒂,洗净,切成块。

2 锅中加入植物油烧热,放入五花肉条、莲藕片、香菇块翻炒,再加入调料翻炒均匀。

3 然后加入清水没过原料,用大火烧沸,转中火焖约30分钟至肉烂汁稠,出锅装盘即可。

40分钟
软嫩鲜香

牛腩炖山药

[原 料] 牛腩肉300克,山药250克,香菜末少许。

[调 料] 葱段20克,姜片15克,八角2粒,香叶5克,精盐、味精、鸡精各1小匙。

制作步骤 Method

1 将牛腩肉洗净,切成小块;山药去皮,洗净,切成滚刀块。

2 锅中加入适量清水,先放入牛肉块用旺火烧开,撇去浮沫,再加入葱段、姜片、八角、香叶,转小火炖约1小时。

3 拣出葱段、姜片、八角、香叶,然后放入山药块,加入精盐、味精、鸡精续炖5分钟,撒入香菜末,即可出锅装碗。

90分钟
鲜香咸软

原 料 带皮带骨鹅肉500克, 土豆300克。

调 料 葱段、姜块、葱花各5克, 花椒5克, 八角1粒, 精盐1小匙, 味精1/2小匙, 酱油、料酒各2小匙, 葱油3大匙。

制作步骤 Method

1 土豆削去外皮, 洗净, 切成滚刀块, 放入清水盆内浸泡以去除部分淀粉, 捞出, 沥净水分。

2 锅置火上, 加入适量清水、花椒煮出香味, 倒在容器内晾凉成花椒水。

3 鹅肉洗净, 剁成块, 放入花椒水中浸泡10分钟, 捞出, 再放入沸水锅内焯烫, 捞出沥水。

4 锅中加油烧至八成热, 下入葱段、姜块、八角炒香。

5 再放入鹅肉块, 烹入料酒、酱油, 添入清水烧沸,然后转小火炖50分钟至八分熟。

6 加入精盐, 放入土豆焖至熟软, 加入味精调匀, 出锅装碗, 撒上葱花即成。

大鹅焖土豆

75分钟
鲜咸浓香

207

90分钟
香浓鲜嫩

粟米炖排骨

TIPS

玉米含有丰富的B族维生素、烟酸等，对保护神经传导和胃肠功能、预防脚气病、心肌炎、维护皮肤健美是有效的。

原 料 猪排骨500克，玉米2个。

调 料 香葱花10克，精盐1小匙，味精、料酒各1大匙。

制作步骤 Method

1 将猪排骨用清水浸泡，洗净，剁成小段，放入清水锅中烧沸，焯烫3分钟以去除血水，捞出；玉米洗净，切成小条。

2 砂锅置火上，加入适量清水、料酒，再放入排骨段、玉米条煮沸。

3 转小火炖约1小时至排骨熟烂，然后加入精盐、味精调味，撒上香葱花即可。

原料 鲇鱼1条, 蒜头1只。

调料 葱花、蒜末、姜末、辣豆瓣酱、精盐、味精、酱油、白糖、辣椒油、白醋、高汤、水淀粉、植物油各适量。

制作步骤 Method

1 将鲇鱼洗涤整理干净, 在背上剞5刀。

2 爆香蒜末, 加入姜末、辣豆瓣酱、精盐、白糖、味精、酱油炒匀, 再放入鲇鱼、高汤焖煮15分钟, 取出装盘。

3 锅中加入葱花、辣油拌炒均匀, 再用水淀粉勾芡, 淋入白醋, 出锅浇在鱼身上即可。

蒜香鲇鱼

99 分钟
鲜咸酥嫩

原料 水发银耳3朵, 雪蛤40克。

调料 冰糖30克。

制作步骤 Method

1 将雪蛤放入清水中浸泡8小时, 使其充分涨发, 再去除杂质, 漂洗干净, 撕成小块; 水发银耳去蒂, 洗净, 撕成小朵。

2 锅置火上, 加入适量清水烧沸, 分别放入雪蛤、银耳焯烫一下, 捞出沥干。

3 坐锅点火, 加入适量清水烧开, 先下入银耳煮约40分钟至银耳软烂、汤汁浓稠时。

4 再放入雪蛤, 加入冰糖煮至溶化, 出锅装碗即可。

银耳炖雪蛤

60 分钟
香软清淡

客家红焖肉

原 料 猪五花肉500克, 青蒜200克。

调 料 精盐1/2大匙, 生抽3大匙, 料酒1大匙, 白糖1小匙, 植物油适量。

制作步骤 Method

1 将猪五花肉洗净, 切成片, 放入沸水锅中焯烫一下, 捞出沥干; 青蒜洗净, 切成段。

2 坐锅点火, 加入植物油烧至七成热, 放入五花肉片略炸片刻, 捞出沥油。

3 锅留底油烧热, 先放入青蒜段炒香, 再放入五花肉片, 烹入料酒。

4 然后加入生抽、白糖、精盐及适量清水, 转小火焖至猪肉片熟烂入味, 装盘即成。

35分钟
鲜咸香嫩

双竹焖排骨

原 料 排骨段350克, 竹笋块100克, 水发竹荪50克, 莲子30克, 枸杞子10克。

调 料 姜块少许, 精盐1小匙, 白糖、胡椒粉、料酒各1/2大匙, 植物油2大匙。

制作步骤 Method

1 水发竹荪洗净, 切成段; 排骨段加入精盐、料酒、姜块腌渍片刻; 莲子去心, 洗净。

2 锅中加入植物油烧热, 下入排骨段煸炒, 再加入竹笋块、料酒、适量开水、莲子烧沸。

3 转中火焖炖40分钟, 然后放入竹荪段煮至排骨熟嫩, 加入精盐、胡椒粉、白糖调好口味, 出锅装碗即可。

60分钟
鲜香软嫩

35分钟
鲜香软嫩

家焖黄鱼

原料 黄鱼1条, 猪肥肉膘50克, 香菜25克。

调料 葱花10克, 姜片、蒜片各适量, 八角2粒, 精盐、味精各1小匙, 鸡精1/2小匙, 白糖1大匙, 老抽2大匙, 花椒水1/2大匙, 料酒1大匙, 淀粉、老汤、植物油各适量。

制作步骤 Method

1 猪肥肉膘刮洗干净, 放入沸水锅中焯烫一下, 捞出, 切成小丁; 香菜择洗干净, 沥净水分, 切成3厘米长的小段。

2 黄鱼洗涤整理干净, 在鱼身两面剞上十字花刀, 放入盘中, 加入料酒、花椒水、精盐拌匀, 腌渍10分钟, 再滚上淀粉。

3 锅置火上, 加入植物油烧至七成热, 放入大黄鱼炸至定型, 捞出沥油。

4 锅留底油烧热, 先下入葱花、姜片、蒜片、八角炒出香味, 添入老汤, 再放入黄鱼、肥肉膘丁、精盐、花椒水、味精、鸡精、白糖、老抽烧沸。

5 然后转小火焖10分钟至入味, 捞出黄鱼, 放入盘内, 锅中汤汁拣去杂质, 用水淀粉勾芡, 撒上香菜段, 起锅浇在大黄鱼上即可。

泡萝卜炖猪蹄

90分钟 ★软嫩香醇★

原 料 猪蹄1个, 泡酸萝卜250克, 香菜段10克。

调 料 葱结、姜片各5克, 精盐、味精、料酒、生抽各2小匙, 胡椒粉1/2小匙, 香油1小匙。

制作步骤 Method

1 猪蹄洗净, 剁成小块, 放入清水锅中煮约5分钟, 捞出; 泡酸萝卜切成小块, 用开水煮一下, 沥干水分。

2 锅中加入清水烧沸, 放入猪蹄、料酒、葱结、姜片烧沸, 撇净浮沫, 转小火炖至九分熟。

3 再放入酸萝卜块, 加入精盐、味精、酱油、胡椒粉调好口味, 炖至猪蹄熟烂入味, 盛入大碗中, 淋上香油, 撒上香菜段即成。

锅焖酥手

30分钟 软嫩适口

原 料 猪手400克, 山药100克, 小红枣50克。

调 料 干辣椒10克, 八角2粒, 葱段、姜片各5克, 精盐1小匙, 高汤精、白糖、香油、老抽各1/2小匙, 植物油2大匙。

制作步骤 Method

1 猪手洗净, 剁成小块, 加入老抽、料酒、葱段、姜片略腌; 山药去皮, 洗净, 切成块。

2 锅中加油烧热, 放入猪手、干辣椒、八角、料酒翻炒上色, 再放入山药块翻炒5分钟。

3 倒入压力锅中, 然后加入适量开水、红枣、精盐、高汤精、白糖、老抽, 置火上烧沸, 压10分钟, 关火放汽, 淋入香油, 装盘即可。

Part **7**
鲜香烧烩菜

新编大众菜

红烧冬笋

TIPS

冬笋是一种富有营养价值并具有医药功能的美味食品,质嫩味鲜,清脆爽口,含有蛋白质和多种氨基酸、维生素,以及钙、磷、铁等微量元素以及丰富的纤维素,能促进肠道蠕动,既有助于消化,又能预防便秘和结肠癌的发生。

原 料 冬笋条400克,青椒条、红椒条各30克。

调 料 葱段、姜片各5克,精盐、花椒水、味精各少许,白糖、料酒各1小匙,酱油1/2大匙,水淀粉2小匙,鸡汤100克,熟猪油750克(约耗40克)。

制作步骤 Method

1 锅中加入熟猪油烧至七成热,放入冬笋条冲炸一下,倒入漏勺沥油。

2 锅中留底油烧热,先下入葱段、姜片炒香,再加入鸡汤、调料烧沸。

3 然后放入冬笋条、青椒条、红椒条,转小火烧至汤汁浓稠时,用水淀粉勾芡,出锅装盘即可。

10分钟
咸鲜清香

银耳烩菜心

20分钟 软嫩鲜香

原料 银耳10克, 青江菜12棵, 熟火腿75克。

调料 精盐、白糖各1/3小匙, 淀粉2大匙, 高汤1大匙。

制作步骤 Method

1 银耳用温水泡发, 剪去黄硬蒂, 洗净, 放入清水锅中, 加入精盐、白糖、味精, 用中火煮5分钟, 捞出沥干。

2 熟火腿切成细丝; 青江菜去头尾及老叶, 洗净, 放入沸水锅中焯烫至熟, 捞入碗中。

3 炒锅上火烧热, 加入高汤, 用中火煮开, 放入银耳煮沸, 用水淀粉勾芡, 浇淋入青江菜碗中, 再撒上熟火腿丝即可。

口蘑烩咖喱鸡

20分钟 软嫩适口

原料 口蘑150克, 鸡肉丁100克, 番茄丁、洋葱粒、胡萝卜丁、青椒粒、红椒粒各少许。

调料 蒜片5克, 精盐1小匙, 鸡精、白糖各1/2小匙, 三花淡奶2小匙, 水淀粉少许, 咖喱粉、黄油各1大匙。

制作步骤 Method

1 口蘑洗净, 在表面划几刀, 放入沸水锅中焯透, 捞出, 再放入鸡肉丁焯透, 捞出沥水。

2 锅中加入黄油炒化, 放入鸡肉丁、蒜片煸炒, 加入精盐、鸡精、口蘑、咖喱粉炒上色。

3 再加入开水, 放入各种料丁烩至熟嫩, 淋入淡奶, 用水淀粉勾芡, 出锅装碗即可。

金钩四季豆

原料 四季豆500克, 金钩(海米)15克。

调料 葱段、姜片各5克, 精盐1/2大匙, 味精、胡椒粉、水淀粉各适量, 高汤3大匙, 植物油1大匙。

制作步骤 Method

1 四季豆撕去豆筋, 洗净, 切成段; 金钩用温水洗净杂质, 放入碗中, 加入葱段、姜片和少许高汤, 放入蒸锅内蒸5分钟, 取出。

2 净锅置火上, 加入清水、少许精盐和植物油烧沸, 放入四季豆段焯烫一下, 捞出过凉, 沥去水分。

3 锅置火上烧热, 加入植物油烧至七成热, 先放入四季豆煸炒2分钟, 再放入金钩, 加入高汤和精盐, 转小火烧焖至入味。

30分钟
鲜香脆嫩

奶汤干贝烧菜花

原料 净菜花200克, 鸡肉泥50克, 干贝、火腿末各25克, 菠菜心1个, 鸡蛋清2个。

调料 葱末、姜末各少许, 精盐1/2小匙, 料酒2小匙, 味精1大匙, 熟猪油适量, 奶汤1000克。

制作步骤 Method

1 干贝洗涤整理干净, 放入碗中, 加入清水150克, 上屉蒸熟, 取出。

2 鸡肉泥、鸡蛋清放入碗中搅匀; 菜花洗净, 掰成小朵, 下入沸水锅中焯烫一下, 捞出沥干, 再粘匀鸡肉泥。

3 锅中加入熟猪油烧热, 下入葱末、姜末炝锅, 再加入奶汤、精盐、料酒、味精烧沸, 然后放入菜花、干贝、菠菜心煮至熟烂, 出锅装碗即可。

30分钟
鲜香软滑

原料 金针菇300克,猪里脊肉200克,香菜15克。

调料 大葱、姜片各5克,精盐1小匙,味精、白醋、酱油各1/2大匙,水淀粉适量,植物油2大匙。

制作步骤 Method

1 猪里脊肉剔去筋膜,洗净,沥水,切成5厘米长的细丝,放入碗中,加入少许精盐、料酒拌匀,再加入水淀粉拌匀上浆。

2 香菜择洗干净,切成小段;大葱、姜片分别洗净,均切成丝;金针菇去根,放入淡盐水中浸泡,洗净,捞出,切成小段。

3 锅置火上,加入适量烧沸,放入金针菇焯烫一下,捞出,用冷水过凉,沥净水分。

4 锅中加油烧热,下入里脊肉丝炒至变色,放入葱丝、姜丝,加入白醋、酱油、金针菇翻炒。

5 添入少许清水烧沸,再加入精盐、味精,烧至浓稠勾薄芡,撒上香菜段即成。

肉丝烧金针

30分钟

咸鲜滑嫩

25分钟
软嫩清脆

芥蓝烧牛肉

TIPS

　　牛肉含有丰富的蛋白质，氨基酸组成比猪肉更接近人体需求，可以提高机体抗病能力，对生长发育及手术后、病后调养的人在补充失血和修复组织等方面特别适宜。

原 料 芥蓝500克，牛里脊肉250克。

调 料 姜2片，蒜2瓣，精盐、味精、蚝油、料酒、酱油、水淀粉、植物油各适量。

制作步骤 Method

1 牛里脊肉洗净，切成条，加入水淀粉拌匀上浆；芥蓝择洗干净，切成菱形片。

2 锅中加入植物油烧热，放入芥蓝片，加入精盐炒熟，盛入盘中。

3 锅置火上，加入植物油烧热，下入牛肉条滑散，再放入姜片、蒜瓣爆香。

4 然后加入酱油、蚝油、精盐、味精、少许清水烧至入味，出锅盛在芥蓝上即可。

原　料 芦笋段200克，口蘑片25克，火腿片8克，菜心1个。

调　料 葱片25克，精盐、味精、姜汁各1/2小匙，料酒2小匙，鸡油1小匙，植物油3大匙，奶汤400克。

制作步骤 Method

1 菜心切成两半，入锅焯烫一下，捞出沥干；锅中加油烧热，先下入葱片冲炸后捞出，加入奶汤。

2 再放入芦笋、口蘑、火腿、菜心、精盐、料酒烧沸，撇去浮沫，然后加入姜汁、味精，淋入鸡油，出锅装碗即可。

奶汤烩芦笋

40分钟
香滑鲜咸

原　料 茄子500克，番茄100克，洋葱粒、青椒粒各50克，芹菜粒25克。

调　料 香叶10克，蒜末5克，精盐1小匙，胡椒粉1/2小匙，清汤240克，植物油2大匙。

制作步骤 Method

1 茄子洗净，切成方块；番茄去蒂，洗净，用沸水略烫一下，撕去外皮，切成斜角块。

2 锅中加入植物油烧热，放入香叶、茄子块炒至五分熟，再放入各种料丁、清汤烩熟。

3 然后加入蒜末、精盐、胡椒粉调好口味，出锅装碗即成。

素烩茄子块

25分钟
香软鲜咸

烧竹笋

原料 净竹笋段400克, 腊肉片100克, 榨菜粒25克, 鲜红辣椒丝15克。

调料 葱段、姜片各10克, 料酒1大匙, 生抽1/2大匙, 香油2小匙, 精盐、肉汤、植物油各适量。

制作步骤 Method

1 锅置火上, 加油烧热, 放入竹笋条冲炸一下, 捞出沥油。

2 锅中加入葱段和姜片炒香, 放入腊肉片、榨菜粒和辣椒末煸炒, 加入肉汤、精盐和酱油。

3 用小火煨至竹笋熟透, 淋入香油, 即可出锅装盘。

40分钟
清香爽口

板栗烧鸡

原料 鸡肉750克, 板栗500克。

调料 葱段、姜片、精盐、红糖、植物油各适量, 冰糖3大匙, 高汤200克。

制作步骤 Method

1 将鸡肉洗净, 切成方块; 板栗去壳、洗净, 放入热油锅中炸至微黄, 捞出沥油。

2 锅中留底油烧热, 先放入鸡块略炒, 再添入高汤, 加入姜片、葱段、精盐、红糖, 用小火煮沸。

3 然后挑除姜、葱, 放入板栗、冰糖煮至鸡肉、板栗熟软, 即可出锅装碗。

40分钟
鲜咸浓香

25分钟
清鲜咸香

🍲 鲜贝烩瓜球

原料 冬瓜500克,鲜贝100克,鲜红辣椒25克。

调料 葱花、姜粒各5克,精盐、鸡精各1/2小匙,味精少许,熟鸡油、水淀粉各2小匙,清汤150克,植物油3大匙。

制作步骤 Method

1 鲜贝洗净,沥去水分,放入沸水锅内快速焯烫一下,捞出。

2 鲜红辣椒去蒂、去籽,洗净,捞出沥干,切成绿豆大小的粒。

3 冬瓜去皮、去瓤,用清水浸泡,捞出沥水,再切成大块,削去四角,修成圆球状。

4 放入沸水锅中焯烫,捞出冲凉,沥水。

5 锅中加植物油烧至七成热,下入葱花、姜粒煸炒出香味,放入冬瓜球略炒片刻,加入鸡精、清汤烧沸,撇去浮沫。

6 转小火烧至软烂,再放入鲜贝,加入精盐略烧,撒入红椒粒,然后加入味精,用水淀粉勾芡,淋入熟鸡油。

红烧肉

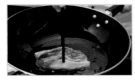

原料 猪五花肉600克。

调料 姜块5克，八角1粒，精盐、糖色各1小匙，酱油1大匙，料酒、水淀粉各2小匙，红卤水2000克，植物油600克(约耗50克)。

制作步骤 Method

1 将猪肉洗净，放入清水锅中煮至五分熟，再捞入净锅中，加入红卤水和糖色煮至金黄色；姜块去皮、洗净，八角拍碎，一起剁细成"姜料"。

2 锅中加油烧至七成热，将肉块皮面朝下，入锅炸至2分钟，再捞出沥油，切成长条块。

3 锅中留底油烧热，先下入"姜料"炒香，再放入肉条翻炒至将熟，然后加入精盐、料酒、酱油炒至入味，再用水淀粉勾芡，即可出锅装盘。

TIPS

猪肉含有丰富的优质蛋白质和必需的脂肪酸，并提供血红素（有机铁）和促进铁吸收的半胱氨酸，能改善缺铁性贫血。肥胖者不宜多食。

40分钟
软嫩香浓

黄花烩双冬

15分钟 ★ 咸鲜清香 ★

:原 料: 干黄花菜100克, 香菇丝、玉兰片丝各50克, 鸡蛋1个。

:调 料: 精盐、味精各1/2小匙, 水淀粉1小匙, 淀粉150克, 清汤500克, 植物油适量。

制作步骤 Method

1 黄花菜泡软, 择去根茎, 洗净, 撕成细丝, 放入碗中, 加入鸡蛋液拌匀; 香菇丝、玉兰片丝用沸水焯烫一下, 捞出沥干, 装入盘中。

2 锅中加油烧热, 下入黄花菜炸至金黄色, 捞出沥油, 放在玉兰片、香菇上。

3 锅中添入清汤烧沸, 加入精盐、味精调味, 用水淀粉勾芡, 浇在黄花菜上即可。

大蒜烧排骨

60分钟 软嫩适口

:原 料: 排骨500克, 独头蒜100克, 草菇50克, 冬笋、胡萝卜各30克。

:调 料: 姜片5克, 精盐、白糖、香油各1/2小匙, 酱油、蚝油、淀粉各1小匙, 植物油3大匙。

制作步骤 Method

1 将排骨洗净, 剁成小段, 放入盆中, 加入酱油腌5分钟, 再撒入淀粉拌匀。

2 草菇去蒂, 洗净, 切成片; 冬笋、胡萝卜分别去皮, 洗净, 均切成小块。

3 锅中加油烧热, 下入姜片、大蒜炒香、放入排骨块煸炒, 再放入草菇、冬笋块、胡萝卜块, 加入清汤、调料烧40分钟, 出锅装碗即可。

223

红烧猪尾

原料 猪尾段500克，胡萝卜、土豆各100克。

调料 葱段、姜片、蒜片各适量，八角、花椒各少许，精盐1小匙，白糖2大匙，水淀粉4小匙，酱油、料酒各1大匙，植物油3大匙。

制作步骤 Method

1 胡萝卜、土豆分别去皮，洗净，均切菱形片，放入沸水锅中焯熟，捞出沥水。

2 锅置火上，加入适量清水，放入八角、葱段、姜片、花椒、猪尾段烧沸，转小火煮至熟烂，捞出沥水。

3 锅置火上，加入植物油烧热，放入蒜片、猪尾段、胡萝卜片、土豆片炒匀，再加入调料、适量清水烧沸，转小火烧至入味，用水淀粉勾芡，淋入明油，出锅装盘即成。

60分钟
鲜香嫩滑

20分钟
咸鲜香嫩

锅烧四宝

原料 熟猪瘦肉条150克，熟白肚条、冬笋条各120克，扁豆段80克。

调料 精盐、糖色各1/2小匙，鸡精少许，白糖、酱油各1/2大匙，高汤200克，香油1小匙，植物油800克（约耗35克）。

制作步骤 Method

1 锅置火上，加入高汤、精盐、鸡精、白糖、糖色烧沸，放入猪肉条、肚条、冬笋条烧沸，捞出。

2 锅中加油烧热，放入猪肉条、肚条、笋条炸至淡红色，捞出，再放入扁豆滑油，捞出沥油。

3 锅留底油烧热，放入冬笋条、肚条、猪肉条、扁豆炒匀，加入鸡精、酱油、白糖，烹入料酒颠翻均匀，淋入香油，出锅装盘即成。

原 料 牛腩肉400克, 胡萝卜50克, 香菜15克, 鸡蛋1个。

调 料 精盐、味精各1小匙, 鸡精1/2小匙, 淀粉1大匙, 水淀粉2大匙, 香油少许, 老汤、植物油各适量。

制作步骤 Method

1 胡萝卜去皮, 洗净, 先切成长条片, 再切成菱形小块; 香菜取嫩叶洗净; 鸡蛋磕入碗中搅打均匀成蛋液。

2 牛腩肉剔去筋膜, 洗净, 沥净水分, 切成小粒, 再剁成蓉, 放入碗中, 加入精盐、味精、鸡精、鸡蛋液、淀粉搅匀成馅料, 挤成直径3厘米大小的丸子, 再滚粘上少许淀粉。

3 锅置火上, 加入植物油烧至六成热, 放入丸子炸至金黄色, 捞出沥油。

4 净锅加入老汤烧开, 放入丸子煮沸, 撇去浮沫和杂质, 再放入胡萝卜块烧烩, 加入精盐、味精、鸡精, 转小火炖熟, 用水淀粉勾芡, 撒上香菜叶, 淋上香油, 出锅装碗即成。

烩丸子

35分钟
咸鲜滑嫩

2 小时

咸香软烂

牛尾烧双冬

TIPS

　　牛尾具有补气养血，强筋骨。益肾、胃气。含有大量维生素B_1、维生素B_2、维生素B_{12}、烟酸、叶酸。营养丰富，适合成长儿童及青少年、术后体虚者、老年人食用。

原 料 牛尾段700克，冬菇片、冬笋片各30克，大枣5枚。

调 料 葱段15克，姜片10克，八角1粒，精盐、味精、香油各1/2小匙，白糖、料酒各1小匙，酱油2小匙，老汤400克，水淀粉、植物油各适量。

制作步骤 Method

1 牛尾段洗净，放入清水锅中烧沸，焯烫出血水，捞出沥干。

2 锅中加入植物油烧热，炒香葱段、姜片、八角，再加入老汤、调料。

3 放入牛尾、冬菇、冬笋、大枣烧至熟烂，加入味精，勾芡，淋入香油，出锅装碗即可。

洋葱烩牛肉

原料 牛里脊肉300克，洋葱条100克，番茄丁50克，香菇条30克。

调料 大蒜瓣30克，香叶5克，精盐、酱油、淀粉、红酒、面粉各1小匙，白糖、胡椒粉各1/2小匙，植物油3大匙。

制作步骤 Method

1 牛里脊肉切成厚片，用刀背捶松，加入精盐、洋葱条、胡椒粉腌10分钟，再拍上面粉。

2 锅中加入植物油烧热，先下入蒜瓣炒香，再放入牛肉片煎透，取出。

3 然后放入番茄丁、香菇条炒出汁，加入牛肉片、调料烧烩5分钟，即可出锅装盘。

25分钟
鲜香软嫩

原 料 猪排骨600克，苦瓜1根（约50克）。

调 料 精盐1/2小匙，料酒1大匙，香油1小匙。

制作步骤 Method

1 将猪排骨洗净，剁成段，放入清水锅中烧沸，焯烫出血水，捞出洗净；苦瓜洗净，剖开去籽，切块。

2 将排骨段放入炖盅内，加入适量清水、料酒，入锅用旺火蒸20分钟。

3 再放入苦瓜块，续蒸约20分钟，然后加入精盐调味，淋入香油，取出，上桌即可。

清烩苦瓜排骨

40分钟
鲜香微苦

萝卜烧牛肉

原·料 熟牛肉块、萝卜块各250克。

调·料 葱花、姜末、干辣椒段各5克，蒜片3克，八角2瓣，花椒粒少许，精盐、鸡精各1/2小匙，白糖、米醋、香油各1小匙，酱油1/2大匙，水淀粉1大匙，鲜汤300克，熟猪油2大匙。

制作步骤 Method

1 萝卜去皮，用清水洗净，切成小方块；熟牛肉切成小方块。

2 锅中加油烧热，放入牛肉块、萝卜块、葱花、姜末炒香，再加入其他调料和鲜汤烧沸。

3 转小火烧至汤汁浓稠时，用水淀粉勾芡，淋入香油，出锅装盘即可。

30分钟
咸香软烂

散烩蹄筋

原·料 水发蹄筋250克，香菇片、豆苗各30克。

调·料 葱段、姜片各15克，精盐1/2小匙，胡椒粉少许，白糖、水淀粉各1小匙，料酒1大匙，蚝油、植物油各2大匙，高汤适量。

制作步骤 Method

1 水发蹄筋洗净，切成段，放入清水锅中，加入葱段、姜片、料酒煮至八分熟，捞出。

2 锅中加油烧热，爆香葱段、姜片，拣出不用，再放入香菇片、蹄筋段略炒，添入高汤。

3 然后加入料酒、精盐、蚝油、白糖、胡椒粉烧烩至入味，用水淀粉勾薄芡，盛入用熟豆苗垫底的盘中即可。

30分钟
鲜香软嫩

2 小时
咸鲜香浓

土豆烧牛腩

原 料 牛腩750克, 土豆500克, 四季豆50克。

调 料 精盐1小匙, 味精、胡椒粉、料酒各1/2小匙, 姜汁酒、生抽各1大匙, 植物油适量。

制作步骤 Method

1 土豆去皮、洗净, 切成块, 放入淡盐水中浸泡, 捞出, 放入热油锅中炸至上色, 捞出沥油。

2 四季豆择洗干净, 入沸水锅内焯熟, 捞出过凉, 切成段; 牛腩肉剔去筋膜, 洗净, 切块。

3 将牛腩肉块放入碗中, 加入精盐、姜汁酒、料酒、胡椒粉拌匀, 腌渍片刻, 放入沸水锅焯烫, 捞出沥水。

4 锅中加油烧热, 放入牛腩肉块翻炒, 加入姜汁酒炒透, 添水烧沸, 撇去浮沫, 倒入汤煲内。

5 盖上盖, 置中火上烧至牛腩肉八分熟, 放入土豆、四季豆, 转小火烧至牛肉软烂、土豆熟香, 加入精盐、味精调味即可。

辣味羊肉煲

TIPS

由于羊肉有一股令人讨厌的羊膻怪味，故被一部分人所冷落。其实，1千克羊肉若放入10克甘草和适量料酒、生姜一起烹调，既能够去其膻气而又可保持其羊肉风味。

原料 羊肋肉500克。

调料 红干椒25克，葱花少许，精盐、味精、花椒粉各1/2小匙，酱油2大匙，白醋1小匙，香油1/2大匙，植物油1000克(约耗50克)。

制作步骤 Method

1 将羊肋肉洗净，切成长方片，再放入热油中炸透，捞出沥油；红干椒泡软，切成小段。

2 锅中留少许底油，先下入葱花、红干椒炒香，再放入羊肉片略炒，然后烹入白醋，加入酱油、精盐，添入适量清水烧开。

3 再放入花椒粉烧至汤汁稠浓，用味精调味，淋入香油，即可出锅。

90分钟
鲜咸香辣

咖喱牛肉土豆

30分钟
鲜咸软嫩

原 料 牛肉50克, 土豆150克。

调 料 葱段、姜片各少许, 精盐、淀粉各1/2大匙, 酱油1小匙, 咖喱粉1/2小匙, 植物油1匙。

制作步骤 Method

1 将牛肉自横断面切成丝, 用淀粉、酱油、料酒, 将牛肉丝腌入味; 土豆洗净去皮, 切丝。

2 锅中加入植物油烧热, 先下入葱段, 姜片炝锅, 再放入牛肉丝滑散。

3 然后放入土豆丝煸炒, 再加入酱油, 精盐、咖喱粉, 用旺火翻炒均匀即成。

甜酱烧肥肠

30分钟
香甜味浓

原 料 猪肥肠500克。

调 料 精盐、味精各1小匙, 白糖、料酒、水淀粉各1大匙, 甜面酱、植物油各2大匙, 鸡汤200克。

制作步骤 Method

1 将肥肠洗涤整理干净, 放入清水锅中煮熟, 再捞出晾凉, 切成菱形块。

2 锅中加油烧热, 先放入甜面酱炒出香味, 再烹入料酒, 添入鸡汤烧沸。

3 然后加入猪肥肠、白糖、精盐、味精烧至入味, 再用水淀粉勾芡, 盛出即可。

鹿肉烩土豆

原 料 鹿肉300克，土豆200克，卷心菜100克。

调 料 葱丝、姜片、精盐各少许，鸡精1小匙，大酱1大匙，植物油2大匙，高汤1500克。

制作步骤 Method

1 将鹿肉洗净，切成大片；卷心菜去根，洗净，切成块。

2 土豆用清水洗净，放入蒸锅内蒸熟，取出晾凉，去皮，切成两半。

3 锅置火上，加入植物油烧热，先下入葱丝、姜片炒香，再放入鹿肉片、大酱炒出香味。

4 然后加入高汤，放入土豆、卷心菜烧烩20分钟至浓稠，加入精盐、鸡精，装碗即可。

30分钟
鲜软咸香

腊肉烧大蒜

原 料 腊肉150克，红辣椒100克。

调 料 大蒜2头，精盐、味精、白糖、酱油、料酒、植物油各适量。

制作步骤 Method

1 将大蒜去皮，洗净，切成蒜片；红辣椒洗净，切成小段。

2 腊肉洗净，切成薄片，放入热油锅中略炒一下，捞出沥油。

3 锅中加油烧至六成热，放入红辣椒段炒香，再下入大蒜片、腊肉片。

4 加入酱油、白糖、料酒调味，用水淀粉勾芡，淋入香油，即可出锅装盘。

15分钟
咸鲜蒜香

原料 口蘑150克，猪瘦肉100克，青椒、红椒各少许。

调料 葱花、姜片、蒜片、精盐、味精、白糖、水淀粉、香油各少许，料酒1小匙，葱油3大匙，鲜汤100克。

制作步骤 Method

1 猪瘦肉剔去筋膜，洗净，沥去水分，切成柳叶薄片。

2 青椒、红椒分别去蒂和籽，洗净，均切成菱形小片。

3 口蘑用温水浸泡至软，去蒂、洗净，放入碗中。加入少许鲜汤，上屉用旺火蒸10分钟，取出晾凉，切成小片。

4 锅中加入葱油烧至六成热，下入葱花、姜片、蒜片炒出香味。

5 放入肉片煸炒至变色，加入鲜汤、料酒，滗入蒸口蘑的原汁。

6 烧沸后放入口蘑片、精盐、味精、白糖，转小火烧至入味，放入青椒块、红椒块炒熟，用水淀粉勾薄芡，淋入香油，装盘即成。

肉片烧口蘑

30分钟
软嫩咸鲜

90分钟
咸嫩酸香

雪豆烧猪蹄

TIPS

猪蹄和猪皮中含有大量的胶原蛋白质，在烹调过程中可转化成明胶。明胶具有网状空间结构，它能增强细胞生理代谢，有效地改善机体生理功能和皮肤组织细胞的储水功能，使细胞得到滋润，保持湿润状态，防止皮肤过早褶皱，延缓皮肤的衰老过程。

原 料 猪蹄500克，熟雪豆150克，泡椒25克。

调 料 葱花、姜丝、蒜片各少许，精盐1小匙，味精、白糖各2小匙，料酒、水淀粉各1大匙，老汤750克，植物油适量。

制作步骤 Method

1 猪蹄去净残毛，用大火烤至肉皮焦煳，再放入温水中刮洗干净，捞出沥干，切成大块，放入老汤锅中煮至熟透，捞出沥干。

2 锅中加入植物油烧热，下入葱花、姜丝、蒜片、泡椒炒香，再放入熟雪豆、猪蹄块。

3 然后加入精盐、味精、白糖、料酒烧至入味，用水淀粉勾芡，出锅装碗即可。

：原 料 猪蹄300克, 丝瓜块100克, 胡萝卜片、青笋片各50克。

：调 料 精盐、醪糟、酱油各1小匙, 鸡精少许, 白糖、水淀粉各1大匙, 可乐1罐, 香油1/2小匙, 酱油、植物油各2大匙。

丝瓜烧猪蹄

制作步骤 Method

1 猪蹄洗净, 剁成小块, 放入清水锅中焯烫, 捞出, 再放入沸水锅中煮熟, 捞出沥干。

2 锅置火上, 加入植物油烧热, 放入猪蹄块、胡萝卜片、青笋片、丝瓜块炒匀。

3 再加入醪糟、精盐、可乐、酱油、白糖烧至入味, 勾芡, 加入鸡精、香油炒匀, 装盘即可。

90分钟
咸嫩糟香

：原 料 带皮猪五花肉750克, 熟板栗300克。

：调 料 葱段15克, 姜片、桂皮各10克, 八角3粒, 精盐、味精各2小匙, 酱油1大匙, 糖色、料酒、水淀粉、鸡汤各2大匙, 植物油适量。

制作步骤 Method

1 猪五花肉洗净, 切成大块, 先用糖色腌拌至上色, 再放入热油锅中略炸, 捞出沥油。

2 锅中留少许底油, 先下入葱段、姜片炒香, 再烹入料酒, 加入酱油、鸡汤、猪肉块、精盐、味精、八角、桂皮烧开。

3 然后转小火焖烧至八分熟, 放入板栗续煮10分钟, 用水淀粉勾芡, 即可出锅装碗。

板栗红烧肉

90分钟
软烂浓香

红烧豆腐丸子

原料 豆腐400克，虾仁、水发海米、木耳、荸荠各50克，鸡蛋1个。

调料 葱末10克，姜末5克，精盐、味精、香油各少许，酱油1大匙，水淀粉2大匙，植物油250克（约耗50克）。

制作步骤 Method

1 将豆腐碾碎，放入碗内；虾仁、海米、木耳、荸荠均洗净、切粒，放入豆腐碗中，加入鸡蛋、精盐、味精、水淀粉拌匀，制成丸子。

2 锅中加油烧热，下入丸子炸至呈金黄色，捞出；再爆香葱末、姜末，然后加入清水、精盐、味精、酱油、豆腐丸子烧沸。

3 用小火煨15分钟，用水淀粉勾稀芡，淋入香油，盛入大汤碗即可。

30分钟
鲜咸软嫩

烧冻豆腐

原料 冻豆腐350克，猪肉50克，冬笋、香菇、青蒜、红辣椒各25克。

调料 精盐、味精、鸡精、花椒粉各少许，酱油、甜面酱各1大匙，香油、水淀粉各2小匙，植物油3大匙，肉汤150克。

制作步骤 Method

1 将冻豆腐解冻，洗净，挤去水分，切成小丁；猪肉、冬笋、香菇、红辣椒均洗净，切成方丁；青蒜切成长段。

2 锅中加油烧热，下入猪肉丁炒熟，再放入冻豆腐丁、冬笋丁、香菇丁、甜面酱、酱油略炒，加入肉汤烧透。

3 然后下入红辣椒丁、青蒜段、鸡精、精盐、花椒粉、味精炒匀，用水淀粉勾芡，淋入香油即可。

25分钟
咸香软嫩

35分钟
★ 酸甜咸鲜 ★

柠檬烧鸡球

原料 鸡腿肉300克，柠檬1个，洋葱、胡萝卜各25克。

调料 精盐、鸡精、白糖、料酒、酱油、香油、高汤、植物油各适量。

制作步骤 Method

1 鸡腿肉洗净，切成小块，放入碗中，加入少许料酒和酱油拌匀，腌制20分钟。

2 柠檬洗净，切开挤汁，果皮切成大块；胡萝卜去皮、洗净，切成滚刀块；洋葱洗净，切成菱形片。

3 锅中加入植物油烧热，下入鸡块炸至金黄色，捞出沥油。

4 锅中留底油烧热，放入洋葱片煸炒至软，加入胡萝卜块和柠檬块翻炒均匀。

5 再烹入料酒，加入精盐、白糖、酱油和高汤调味，然后倒入炸好的鸡肉块，烧至熟嫩。

6 再加入鸡精，淋入香油、柠檬汁炒匀，即可出锅装盘。

让我们美味共享

吉林出版集团
吉林科学技术出版社
最家常　ЈК吉科食尚

对于初学者，需要多长时间才能学会家常菜，是他们最关心的问题。为此，我们特意编写了《吉科食尚—7天学会》系列图书。只要您按照本套图书的时间安排，7天就可以轻松学会多款家常菜。

《吉科食尚—7天学会》针对烹饪初学者，首先用2天时间，为您分步介绍新手下厨需要了解和掌握的基础常识。随后的5天，我们遵循家常菜简单、实用、经典的原则，选取一些食材易于购买、操作方法简单、被大家熟知的菜肴，详细地加以介绍，使您能够在7天中制作出风味佳肴。

看似简单的家常菜，其包含了很多内容，如何在较短时间内，全面掌握家常菜的制作要领和窍门，是《21天学会家常菜》为您所想到的。

本书内容分为两部分，首先我们用全分解图片的形式为您讲解制作和学习家常菜需要了解的基础内容。第二部分，我们选取了制作家常菜必知的21种技法（含主食），每天安排一种技法，为您介绍各种家常风味菜肴，可使您快速掌握，烹调出色香味形俱全，且营养健康的家常菜。

《新编家常菜大全》是一本内容丰富、功能全面的烹饪书。本书选取了家庭中最为常见的100种食材，分为蔬菜、食用菌豆制品、畜肉、禽蛋、水产品和米面杂粮六个篇章，首先用简洁的文字，介绍每种食材的营养成分、食疗功效、食材搭配、选购储存、烹调应用等，使您对食材深入了解。随后我们根据食材的特点，分别介绍多款不同口味，不同技法的家常菜例，让您能够在家中烹调出自己喜欢的美味佳肴。

中国人对于舌尖上的享受是很有研究的。从各种食材上面因地制宜的选择，再到五味的调和，每一样都有着自己的妙用。看着饭桌上鲜嫩的鸡肉，清脆的青菜，鲜红的辣椒，滑嫩的鸡蛋，一种温暖，一种内心的满足感油然而生。多年以后，这些复杂而微妙的味道总是会出现在我们记忆的味蕾中，而美食里蕴含的浓浓亲情，也就是家的味道吧！

《从小爱吃的家常菜》介绍耳熟能详的经典老菜；《最具特色的大众菜》介绍中国菜系中具有特色的菜肴；《新手必会的简易菜》按照技法分类，介绍适宜新手操作的菜肴；《全家人的营养餐》则按照不同人群的特点加以分类，介绍适宜的菜肴；《巧媳妇的私房菜》按照家庭宴客菜的形式，介绍各式的冷菜、小炒、大菜、汤羹、点心、饮品等。

为了您和家人的健康，回归厨房，为自己以及家人烹制健康和美味的家常菜肴，是非常好的选择。一套《吉品图文》在手，足以满足您的所有需求，教您轻松烹调出餐桌上的美味盛宴，既可以让家人"餐餐滋味好，顿顿营养全"，还可以使您从中享受到家的温馨、醇美和幸福。

投稿热线：0431-86037570 18686662948 QQ：747830032

图书在版编目（CIP）数据

新编大众菜 / 韩密和主编. -- 长春 ：吉林科学技术出版社，2013.8
ISBN 978-7-5384-4863-4

Ⅰ．①新… Ⅱ．①韩… Ⅲ．①菜谱—中国 Ⅳ．①TS972.182

中国版本图书馆CIP数据核字（2013）第160912号

主　　编	韩密和
出 版 人	李　梁
选题策划	郝沛龙
责任编辑	郝沛龙　黄　达
封面设计	长春创意广告图文制作有限责任公司
制　　版	长春创意广告图文制作有限责任公司
开　　本	710mm×1000mm　1/16
字　　数	263千字
印　　张	15
印　　数	1—15 000册
版　　次	2013年9月第1版
印　　次	2013年9月第1次印刷

出　　版	吉林出版集团
	吉林科学技术出版社
发　　行	吉林科学技术出版社
地　　址	长春市人民大街4646号
邮　　编	130021
发行部电话/传真	0431-85677817　85635177　85651759
	85651628　85600611　85670016
储运部电话	0431-84612872
编辑部电话	0431-86037570
网　　址	www.jlstp.net
印　　刷	长春新华印刷集团有限公司

| 书　　号 | ISBN 978-7-5384-4863-4 |
| 定　　价 | 25.00元 |